基于 MRIO 模型的
省际及产业间碳减排关联分析

文 雯 著

U0234213

北京理工大学出版社
BEIJING INSTITUTE OF TECHNOLOGY PRESS

内 容 提 要

本书根据 2002、2007、2010 和 2012 年我国区域间投入产出表（MRIO），首先构建省际及产业间的经济与碳排放关联模型，识别整体碳减排目标下的省级层面重点产业；然后，基于贸易隐含碳的空间流动特征及变化状况，从碳泄漏视角对现有省级二氧化碳强度减排目标的实现情况进行重新审视；最后，以发达地区为案例，从省级和行业层面分析其碳减排目标实现造成的外部影响，并运用结构分解模型 SDA 研究各社会经济影响因素对其贸易隐含碳变化的驱动作用。

图书在版编目（CIP）数据

基于MRIO模型的省际及产业间碳减排关联分析／文雯著.—北京：北京理工大学出版社，2020.5

ISBN 978-7-5682-8406-6

Ⅰ.①基… Ⅱ.①文… Ⅲ.①二氧化碳—减量化—排气—研究—中国 Ⅳ.①X511

中国版本图书馆CIP数据核字（2020）第070868号

出版发行／北京理工大学出版社有限责任公司

社　　址／北京市海淀区中关村南大街 5 号

邮　　编／100081

电　　话／（010）68914775（总编室）

　　　　　（010）82562903（教材售后服务热线）

　　　　　（010）68948351（其他图书服务热线）

网　　址／http://www.bitpress.com.cn

经　　销／全国各地新华书店

印　　刷／天津久佳雅创印刷有限公司

开　　本／710 毫米 ×1000 毫米　1/16

印　　张／10.5　　　　　　　　　　　　　　　责任编辑／封　雪

字　　数／140 千字　　　　　　　　　　　　　文案编辑／封　雪

版　　次／2020 年 5 月第 1 版　2020 年 5 月第 1 次印刷　　责任校对／刘亚男

定　　价／65.00 元　　　　　　　　　　　　　责任印制／边心超

前　言　Preface

作为温室气体排放大国，我国在应对全球气候变化的国际进程中有着至关重要的作用。面对日益加大的要求采取协同减少CO_2排放的国际压力，我国政府于2009年12月在《联合国气候变化框架公约》缔约方第15次会议中承诺，到2020年单位GDP碳排放量将在2005年基础上减少40%～45%，并将其作为一项约束性指标纳入我国国民经济和社会发展中长期规划。我国于2014年11月在亚太经合组织峰会期间发表的《中美气候变化联合声明》中申明，计划在2030年之前将碳排放强度降低60%～65%，并于2030年左右达到CO_2排放峰值。

除了国家目标外，我国自"十二五"规划（2011—2015年）开始制定各省的碳减排目标。我国各省之间虽不存在国际上附件I国家和非附件I国家的强制碳减排和非强制碳减排的区别，但是各省之间的碳减排目标存在差异。从《国务院关于印发"十三五"控制温室气体排放工作方案的通知》（国发〔2016〕61号）中可以看到，"十三五"期间，我国人均GDP较高的东部沿海省份的碳排放强度下降20.5%，而人均GDP较低的中西部省份碳排放强度减排目标较低，应下降12%。

我国目前采取了一系列措施对碳排放总量进行控制，包括技术升级换代、产业结构调整等，总体来说目前碳排放总量控制措施较多专注于某个地区或区域内部。然而，在我国省际间贸易中，某些省份有可能通过省际贸易将CO_2排放转移到其他省份。由于省际碳泄漏的客观存在，各省碳减排目标实现也会受到相应影响，因此有必要从碳泄漏角度对我国各省的碳减排目标进行重新评估。

同时，对于我国复杂的国民经济体系，各省份、各产业之间存在着既相互影响又相互制约的经济关联关系。如果仅限制某一省份高碳排放产业的发展，虽能在一定程度上减少该地区碳排放量，但是由于我国省际及产业间存在的经济关联与碳排放关联，很有可能对其他省份的产业经济发展造成影响，并对其他省份的碳排放造成影响。作为发展中国家，我国的工业化和城镇化任务艰巨，因此在研究产业间碳排放关联时，有必要将产业之间的经济关联也同时纳入考虑，在各省经济发展与碳减排的双重目标下确定筛选减排产业。

本书将围绕以下问题进行研究和探讨：①在整体碳减排目标下，基于省际及产业间碳排放关联和经济关联，如何识别省级层面的重点碳减排产业？②我国省际间的碳泄漏状况如何？对我国各省碳强度减排目标实现有何影响？③我国发达地区的碳减排目标实现是否依靠自身，以及会对全国其他地区造成什么影响？

本书的主要意义和创新点在于：

（1）我国省际及产业间存在复杂的经济关联与碳排放关联，研究精确到省级产业层面的碳排放关联，相比全国层面的产业关联，更能识别精准控制的碳减排产业。另外，我国省际经济发展水平、能源利用效率、生产技术水平等方面存在较大差异，如果对我国不同地区的同一产业实行统一的碳减排措施，产生的碳减排效果也会不同。因此，有必要在整体碳减排目标下，对省级层面的重点碳减排产业进行识别。本书基于省际产业间的关联，分别从前向关联（产业链前端）和后向关联（产业链末端）识别了国家碳减排目标下的省级重点碳减排部门，识别过程中将边际关联和绝对关联，经济关联与碳排放关联进行有机结合，研究结果可为全国主要碳减排部门识别提供参考。

（2）目前我国多从生产者责任角度对各省CO_2减排目标的实现情况进行评估，由于我国省际碳泄漏的客观存在，使得从生产者责任角度评估各省CO_2强度减排目标实现的有效性受到影响。本书将消费者责任原则纳入我国各省碳减排目标评估体系中，从碳泄漏视角对省级层面CO_2强度减排目标实现情况重新审视，并与现有基于生产的CO_2排放强度变化进行比较分析，研究结果可以为我国各省碳减排目标的合理制定和评估提供参考，从而促进全国整体碳减排。

（3）现有研究多从国家层面分析我国对外贸易中的隐含碳排放总量及变化趋势，或研究我国区域间贸易隐含碳流动状况。然而，对我国发达地区与欠发达地区之间隐含碳转移的研究较少，特别是针对单独一个处于产业链高端、生产知识和技术密集型产品的发达地区，对其在国内贸易中对其他地区的碳减排影响进行深入分析的较少。本书选取发达地区案例，从省级和行业层面分析其碳减排目标实现造成的外部影响，运用结构分解模型SDA研究贸易隐含碳变化的影响因素，并通过虚拟情景分析发达地区的经济贸易活动对全国CO_2排放总量的影响。研究结果可以为制定我国发达地区与欠发达地区的碳减排补偿制度提供参考，并为科学研究区域经济一体化程度对国家CO_2排放总量的影响提供新的思路。

作为主要系列成果之一，本书的出版得到了国家自然科学基金项目（项目批准号：61572079，61272513）、北京市教育委员会科技计划一般项目（项目编号：KM202011232004）和北京市社会科学基金项目–北京市教育委员会社科计划重点项目（项目编号：SZ202011232024）的支持。

由于作者专业水平有限，书中难免存在疏漏及不妥之处，敬请广大读者及专家批评指正。

著　者

目 录 Contents

第一章 引 言

第一节 研究背景

（1）贸易在促进经济增长的同时，也带来了碳排放的空间"转移"。

伴随着经济全球化的不断发展，区域之间的经济贸易活动成为推动经济增长的重要因素之一。贸易打破了封闭的经济体，使得生产和消费相分离，不再只局限于一个地区的领域范围之内。在贸易的过程中，不仅有不同地区之间物与物的交换，还有资源与环境的交换。如果没有国际贸易，各国生产产品供本国消费，没有产品的跨区域流动，那么就不存在国家间伴随贸易活动而产生的环境相互影响问题①。而在开放经济条件下，由于国家间商品贸易的客观存在，一个国家所生产的产品，并非只满足本国内部的消费，也会伴随出口活动而转移到其他国家供他国消费，且日益成为一国生产的重要驱动因素。与此同时，一国国内的消费也可以通过进口，从其他国家输入产品从而得到满足，于是出现了产品的生产和消费的空间分离。

工业生产过程中产生的 CO_2 等温室气体浓度不断上升，成为近 50 年来全球气候变暖的主要因素。通过控制和减少全球人为活动的温室气体排放量，在 21 世纪内将全球平均增温趋势控制在 2 ℃的范围内，已成为国际共识。2015 年年底召开的巴黎

---

① 本书不考虑由于自然扩散引起的国家间碳排放的相互影响。

气候变化大会提出了将平均温升控制在 1.5 ℃范围内的目标。通常而言，在经济活动过程中所排放的 CO_2 主要源于产品的生产过程[①]。由于产品的生产和消费关联着不同程度的碳排放，因此，地区之间的贸易活动势必会对各地区的碳排放状况产生影响。当贸易发生时，隐含在贸易产品中的碳排放，即贸易隐含碳(Embodied Carbon)，也随之发生转移。当一国向其他国家输出产品时，该国相当于被其他国家输入了"碳排放"，即替他国的消费进行生产，承担了其他国家本该在自己领域的"碳排放"；反之，一国向其他国家输入产品，意味着该国利用其他国家生产的产品，从而减少了本国的碳排放，对本国的生态环境进行了保护。实质上，这是一种伴随着国际贸易的"商品流"而发生的"隐含碳排放流"。因此，对贸易中的隐含碳含量进行评估，可以更公平地评估发达国家和发展中国家的碳排放责任，为国际重新分配碳排放责任奠定基础。近年来，随着气候变化等问题的显现，"贸易隐含碳"问题得到了广泛的关注，成为当前贸易与环境关系研究的热点问题。对于我国而言，随着国内市场化程度的逐渐提高，以及区域经济一体化的深入，省际贸易得到快速发展，我国省际贸易联系呈现不断加强的趋势，因此，有必要对我国省际贸易中的隐含碳排放进行研究。

(2)在全国碳减排的压力下，有必要识别重点碳减排部门和地区。

产业结构调整与优化是实现经济转型进而降低 CO_2 排放的重要手段，近年来受到政府和学术界的广泛关注。2014 年 11 月，国务院发布《国家应对气候变化规划(2014—2020 年)》，提出的控制温室气体的主要措施包括修订产业结构调整指导目录，调整产业结构，控制高耗能、高排放的行业规模扩张等。现有基于碳排放的产业结构调整，多为全国层面的针对产业总体的结构调整。由于不同地区之间资源禀赋、能源消费水平、生产技术水平以及节能减排的能力和潜力等方面存在较大差异，同一

[①] 本书不考虑产品消费中产生的碳排放。

产业在不同地区也不存在统一适用的低碳发展模式，所以全国层次的统一的产业减排要求不一定能够实现全国最优的减排效果。因此，需要将产业结构调整行为精细化到各个省的具体产业。

同时，在我国复杂的国民经济体系中，各省份各产业之间存在不同程度的经济关联关系，既相互影响又相互制约。因此，如果仅仅限制高碳排放产业的发展，虽然能在一定程度上减少碳排放，但是由于我国不同地区之间的产业间存在的经济关联与碳排放关联，这些产业的规模变化很有可能对其他产业经济的发展造成影响，从而导致伴随产业结构的失衡而导致我国整体经济发展速度降低。作为发展中国家，我国的工业化和城镇化任务艰巨，因此在研究产业间碳排放关联时，有必要将产业之间的经济关联也同时纳入考虑。

因此，在国际国内碳减排的大环境下，需要根据我国碳减排的总体目标，在我国省际产业关联的基础上，挖掘精确到省级层面的考虑到我国碳减排和经济发展的重点碳减排部门，可以更好地促进地区产业的均衡发展，以及产业结构的优化、升级，从而为制定合理有效的碳减排政策提供理论依据与方法支撑。

(3)有必要从隐含碳视角对我国各省碳减排目标进行重新审视。

作为发展中大国和温室气体排放大国，我国对于应对全球气候变化的国际进程至关重要，面对日益加大的要求协同减少 CO_2 排放的国际压力，2009 年 12 月《联合国气候变化框架公约》缔约方第 15 次会议，中国政府承诺在 2005 年基础上，到 2020 年将单位 GDP 碳排放量减少 40%～45%，并将其纳入我国国民经济和社会发展中长期规划，作为一项约束性指标。2014 年 11 月，我国在亚太经合组织领导人非正式会议期间发表《中美气候变化联合声明》申明，中国计划在 2030 年左右达到 CO_2 排放峰值，并力求尽早达到峰值，在 2030 年之前将碳排放强度降低 60%～65%。

中国制定的协同应对全球气候变化和国内可持续发展的总

体目标，将不但对应对全球气候变化的国际合作产生重大影响，而且对中国国内经济和社会发展的低碳转型也将产生重大影响。除了中国的国家目标外，正如联合国气候变化框架公约(UNF-CCC)要求缔约方提交年度国家排放清单以达到 UNFCCC 目标进展一样，中国中央政府对各省的 CO_2 排放强制减排目标也进行了强制规定。我国中央政府自"十二五"规划(2011—2015 年)开始，对我国各省的碳减排目标也进行了强制规定。我国省际虽然不同于国际上附件一国家和非附件一国家那样，存在强制碳减排和非强制碳减排的区别，但是各省之间的碳减排目标具有明显差异。从《国务院关于印发"十三五"控制温室气体排放工作方案的通知》(国发〔2016〕61 号)中可以看到，人均 GDP 较高的东部沿海地区的碳排放强度目标最高为 20.5%，而人均 GDP 相对较低的中西部地区的碳排放强度减排目标较低，西部的省份最低，仅为 12%(图 1-1)。

对于我国各省的碳强度减排目标，一个重要的问题在于如何对其进行正确的评估？一直以来，国际社会采用"生产者(碳排放者)负责"原则作为环境政策制定的基本依据。目前，IPCC 公布的国家碳排放量也是依据基于一国领土(Territorial-based)责任的"生产者负责"(Production-based)原则计算。这种原则计算领土内的所有碳排放，包括生产过程中、服务消费和能源消耗中的排放等。虽然从统计的角度来看，这种核算方法较为简便，但是其没有将用于出口和本国消费的碳排放进行分解，而将所有的碳排放归于生产国。如果按照这种原则进行计算，一方面，发达国家将碳密集型企业转移到发展中国家，自身发展较为低碳的服务型产品，而从发展中国家进口碳密集型产品代替国内生产，将碳排放转移到发展中国家，从而减少自身碳排放，导致了国家间的碳泄漏，而没有在生产过程中承担碳责任。另一方面，由于发展中国家的生产技术水平通常较低，生产同类产品的碳排放量远远高于发达国家，因此也可能会影响碳减排效力。为了避免碳泄漏问题对各国碳减排责任造成影响，"消费者责任制度"顺势提出，建议消费者对其所购买产品在生产过程中产生的碳排放负责。

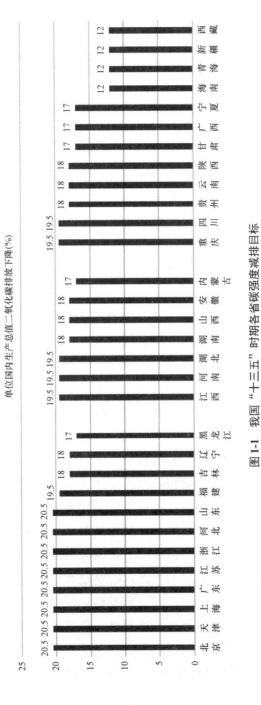

图 1-1 我国"十三五"时期各省碳强度减排目标

数据来源:《国务院关于印发"十三五"控制温室气体排放工作方案的通知》
(国发〔2016〕61号)

目前对于碳排放的控制，我国采取了一系列措施，包括进行技术升级换代、产业结构调整等。总体来说目前碳控制较多专注于某个地区或区域内部的碳控制。由于地区间经济发展水平的不均衡，要素成本以及环境标准的差异，在各自为政的碳排放控制模式下，缺乏考虑与其他地区的联系和地区间的统筹，可能导致一个地区的碳减排建立在对外碳转移的基础上。其中一种重要方式是通过地区间贸易而将二氧化碳排放"泄漏"到其他地区，这种方式为属地的碳减排提供了一条隐性途径。对于某一地区而言，为了控制本地碳排放量，除了淘汰落后产能进行结构减排外，还可以通过省际贸易减少本地生产、采取调入产品的方式来降低本地碳排放。由于在碳泄漏的影响下，各地区的碳减排目标实现也会受到相应影响，因此有必要从碳泄漏角度对我国各省的碳减排目标进行重新评估。

(4)有必要研究我国属地碳减排对其他地区的影响。

国际贸易对全球各国的碳排放都有很大的影响，发达国家从发展中国家进口碳密集型产品，一直是发展中国家过去几十年碳排放增加的主要因素之一。那么对于我国的不同地区之间，是否也存在类似现象？我国较为发达的地区是否将其碳密集产业转移到欠发达地区，使得发达地区自身的产业结构得以升级，并同时将其碳排放量转移到欠发达地区，并且一些中西部省份甚至制定了工业专项规划或政策，或建立了工业园区以接收东部地区的产业转移。因此，我国区域间贸易增加所产生的碳排放量转移，将极大地对各省的碳减排造成影响。目前虽有对于我国区域间贸易隐含碳的研究，然而对于一个特定的地区，特别是处于产业链后端生产知识密集型和技术密集型产品的发达地区，研究其在省际贸易中对其他地区碳排放的依赖程度，以及对全国碳减排影响的分析仍然很少。

以我国较为发达的 J[①] 地区为例。其在碳减排和环境保护方

———————————

① J 表示北京。

面的工作一直处于领先地位。为了实现绿色低碳的经济增长格局，J地区采取了一系列措施。钢铁、混凝土等能源密集型、高排放的项目已被禁止，并被转移到周边省市地区（以下简称省）。同时，金融、科技服务、电子信息、节能环保等生产性服务业和高新技术产业发展迅速，第三产业的规模逐渐扩大，且"十二五"期间，J地区的万元GDP能耗和碳排放量分别下降了25.08％和30％。J地区在这些节能减排方面做出的成就，使其成为我国"十一五"和"十二五"期间超额完成节能减排目标的唯一省份。在2015年，J地区预计到2020年达到二氧化碳排放峰值，并计划尽快实施相关措施，以实现万元GDP二氧化碳排放量相对于2015年降低20.5％的目标。虽然从我国各省的二氧化碳减排目标来看，J地区的目标较高于其他各省，然而在"十一五"和"十二五"期间，J地区比计划提前达到国家的节能减排目标[①]。

　　尽管J地区在自身碳减排方面做得很好，但由于省际贸易，J地区可能会对其他省份或全国的碳排放造成影响。因此，本研究有必要以J地区作为研究案例，分析向其他省份转移的碳排放，也即研究J地区碳减排目标的实现，是否依靠自身？或者，J地区在多大程度上通过其他省份的支持，使其达到碳减排目标？

第二节　研究问题的提出

　　贸易隐含碳是指通过贸易活动间接地将某个国家或地区的属地二氧化碳排放转移到其他国家或地区。对于我国的贸易隐含碳问题，现有研究多从国家整体层面分析对外贸易中的隐含碳排放总量及变化趋势，而对国内区域间的隐含碳问题关注较少，尤其是碳排放关联与经济关联的综合研究。因此，我国地区之间及产业之间的碳排放和经济关联如何？基于这两种关联，

---

　　① 北京市人民政府：《北京市"十二五"时期节能降耗及对气候变化规划》. http：//zhengwu.beijing.gov.cn/gh/dt/t1445501.htm。

如何识别省级层面的重点碳减排产业与地区？地区之间碳排放关联带来的隐含碳的区域流动引致的碳泄漏，对各省碳减排目标的实现产生何种影响，以及其影响途径是什么？以上问题为本书试图解决的主要问题。

具体地，本书将围绕以下问题进行研究和探讨：

（1）问题一：在全国碳减排目标下，基于地区间产业间碳排放关联和经济关联，如何识别省际层面的重点碳减排产业和重点碳减排地区？分析我国地区间与产业间由经济关联而产生的碳排放关联问题对研究我国碳减排问题具有重要意义。现有研究多从全国层面考察不同产业之间的碳排放关联，或对单个省份内部产业之间的碳排放关联进行分析。由于我国各地区的能源利用效率、产业结构和技术水平等各不相同，因此不同地区的不同行业的碳排放系数也存在较大差异，其碳减排效率也较为不同，因此基于不同地区的产业之间的碳排放关联的精细化研究更具现实意义。基于产业关联理论，经济与碳排放关联模型，以及边际意义与绝对规模的关联模型，根据各地区的不同产业之间的经济与碳排放关联特征，从前向关联和后向关联的视角，分别筛选我国的重点碳排放产业及碳排放地区，以为我国基于碳减排的产业结构调整提供参考。

（2）问题二：我国省际的碳泄漏状况如何，以及对我国各省碳强度减排目标的实现有何影响？现有关于我国的隐含碳研究多集中于我国对外贸易中的隐含碳排放，然而我国幅员辽阔，不同地区的经济发展程度、环境资源禀赋和环境规制水平等均存在很大差异。随着省际贸易的增长及贸易结构的变化，各省间贸易中的隐含碳流动状况也呈现出一定的特征，有必要研究我国省际贸易隐含碳的转移情况及其特征，以及其历年来贸易隐含碳转移变化状况。另外，我国目前通过自上而下分配的方式确定各省的碳强度减排目标，随着我国内部贸易的跨区域流动，碳排放也发生生产地与消费地的分离，部分地区通过省际贸易活动间接地将碳排放转移到了其他地区，我国省际碳泄漏的客观存在，使得当前从生产角度评估各省碳强度减排目标实现的方法受到影响。因此，有必要从碳泄漏角度，衡量省际的碳泄漏对各省碳排放目标实现的影响，并重新审视我国各省碳强度减排目标实现的真实情况。

(3)问题三：我国发达地区的碳减排目标实现是否依靠自身，以及会对全国其他地区造成什么影响？正如国际上发达国家和发展中国家之间存在的碳泄漏现象，我国的发达地区与欠发达地区之间也存在类似现象。因此，有必要研究我国发达地区碳减排的实现是否依靠自身，以及会对其他地区碳减排造成什么样的影响，进而对全国整体减排造成何种影响。进一步地，研究我国发达地区与其他地区隐含碳流动的主要的驱动因素是什么，以及各种因素的贡献为多大。

第三节 研究目的和意义

一、研究目的

第一，基于我国不同地区的产业之间的碳排放关联和经济关联，以及边际关联和绝对关联，分别从前向关联和后向关联识别全国整体碳减排目标下的省级层面的重点部门和重点地区，并针对不同类型的重点减排部门和地区提出不同的政策建议。第二，定量分析我国省际贸易的隐含碳排放流动及变化情况，进一步地，探讨省际碳泄漏对各省碳减排目标的影响，并从隐含碳视角重新评估各省碳强度减排目标实现状况，与现有碳减排强度目标评估方式进行对比分析。第三，以 J 地区为案例，从地区和行业层面分析其碳减排目标实现造成的外部影响，运用结构分解模型 SDA 研究其贸易隐含碳变化的影响因素，并通过虚拟情景对 J 地区的国内经济贸易活动对全国二氧化碳排放总量的影响进行了初步分析，通过假设 J 地区"自己消费，自己生产"，分析 J 地区与外部地区发生的国内贸易活动对全国二氧化碳排放总量的影响。

二、研究意义

(1)由于产业之间存在复杂的经济关联与碳排放关联，对高碳排放产业的规模扩张进行控制，虽有利于碳排放的降低，但产业结构的调整可能会由于产业之间经济关联的存在，对其他产业的经济增长造成影响。另外，我国不同地区的能源利用效率和生产技术水平等差异较大，即便对于不同地区的同一产业，节能减排的能力和潜力各不相同，因此，如果对我国不同地区的同一产业实行统一的碳减排措施，产生的碳减排效果也会不同，有必要对全国整体碳减排目标下的重点减排产业和地区进行识别，从而促进我国产业的低碳化发展。

(2)评估碳泄漏对我国各省碳强度减排目标实现有效性的影响，从隐含碳视角重新审视中国各省碳强度减排目标的实现情况，为我国合理制定碳减排目标提供参考；将消费者责任原则纳入我国各地区碳减排目标评估体系中，重新评估各地区的碳减排目标实现的真实状况，可以为我国各地区碳减排目标的合理制定和评估提供参考，通过各地区间相互促进从而为保证全国整体碳减排提供基础。

(3)基于我国省际贸易中的隐含碳分析，研究我国发达地区在省际贸易中对全国其他地区碳减排的影响及其变化状况。可以为认清我国发达地区的碳减排路径、制定合理有效的碳减排控制策略，以及制定发达地区与欠发达地区的碳排放补偿制度提供参考，并为科学研究区域经济一体化程度对国家二氧化碳排放总量的影响提供新的思路。

第四节 研究内容与技术路线

一、研究内容

本书将从以下三个方面开展研究：

(1)运用经济与碳排放关联识别我国整体碳减排目标下的省

级层面的重要碳减排部门和重点碳减排地区。我国不同地区产业间的经济活动是碳排放的重要来源之一，分析我国不同地区的产业间由经济关联而产生的碳排放关联问题，对研究我国总体碳减排问题具有重要意义。现有研究多从全国层面考察不同产业整体之间的碳排放关联，或在单个省份内部对产业之间的关联进行分析，但基于全国总体碳减排的省级层面的具体产业之间的关联研究，更能精准筛选重点碳减排产业。首先，利用非竞争型 MRIO 模型，构建我国地区的产业间的经济、碳排放关联模型，边际、绝对关联模型。然后，以各地区的产业部门为研究对象，以全国碳减排为目标，以产业关联性为切入点，将产业经济关联与碳排放关联进行有机结合，综合考虑边际关联与绝对关联进行有机结合，分别从前向关联和后向关联角度，从全国层面在 30 个地区 27 个产业中筛选我国重点碳减排和发展产业；根据各地区的碳减排能力和潜力，识别我国重点碳减排和发展地区。期望通过以上分析，识别全国整体碳减排目标下的重点碳减排产业和地区。

(2)从隐含碳视角对我国目前各省碳强度减排目标的实现情况进行重新审视。我国目前通过自上而下的方式分配确定各省的碳强度减排目标，随着我国内部贸易跨区域流动的日益频繁，碳排放也发生生产地与消费地的分离，部分地区通过省际贸易活动间接地将属地碳排放转移到了其他地区。正如国际上附件一国家和非附件一国家之间存在的碳泄漏现象，中国省际也存在类似现象，使得从生产角度评估各省碳强度减排目标实现的有效性受到影响。为重新审视我国各省碳强度减排目标的实现情况，基于我国区域间投入产出模型（MRIO），研究我国省际的碳泄漏对各省碳强度减排目标实现的影响。首先，通过对我国 2002—2007 年和 2007—2012 年各省净流入的贸易隐含碳的时空变化特征进行分析；然后，研究我国省际碳泄漏对各省碳强度减排目标实现的影响，并与现有的基于生产的碳强度变化的评估方式进行对比分析。期望通过以上分析，能从省际及区际层面明确我国省际贸易中隐含碳流动及变化的基本特征，并为我国各省碳减排目标考核方式提供依据。

（3）研究 J 地区碳减排对全国其他地区的依赖度及对全国碳减排的影响。与发达国家和发展中国家之间的关系类似，我国发达地区与欠发达地区之间存在广泛而密切的经济联系，不仅会对各地区经济发展产生影响，还会对各地区的碳排放及转移产生影响。本书以 J 地区作为我国发达地区的研究案例，首先，从总体上分析其在国内贸易中的隐含碳净流入及其构成状况；然后，从地区和行业层面分别测算 J 地区与我国其他地区的净流入贸易隐含碳的变化趋势；再次，通过构建虚拟情景，分析 J 地区在国内省际贸易中对全国碳排放增加的影响；最后，运用结构分解模型分析 J 地区输入贸易隐含碳变化的驱动因素。期望通过以上分析，探究 J 地区省际贸易这一经济过程对自身碳减排实现的支撑作用，以及对全国碳排放总量造成的影响。

二、技术路线

本书的技术路线图如图 1-2 所示。

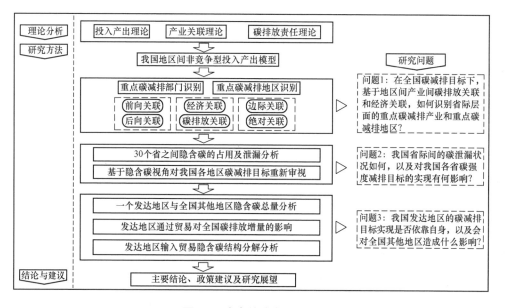

图 1-2　本书的技术路线图

第五节 本书结构安排

第一章引言，基于贸易隐含碳的研究背景提出本书的主要研究问题、研究内容和技术路线。

第二章研究进展，梳理相关研究进展并进行总结。

第三章模型设定及数据说明，旨在阐述本书分析所需的基本模型和核心数据。本书详细阐明了实证分析所需的模型和数据处理方法、数据来源等，包括我国 30 省市区域间投入产出表、30 省市分部门的碳排放数据等。由于目前最新的区域投入产出表是 2012 年的，基于数据的可得性，本书选取 2002、2007、2010 和 2012 年的中国多地区投入产出表进行分析。各省各行业的碳排放数据也选取 2002、2007、2010 和 2012 年的数据以匹配中国多地区投入产出表。

第四章我国碳减排的重点产业识别，呈现了我国碳减排的重点产业识别的分析结果。采用地区间投入产出分析方法，从各地区的产业的需求拉动和供给推动两个角度，基于 Leontief 体系测度的后向关联效应和在 Ghosh 体系下测度的前向关联效应，通过构建边际和绝对关联系数，经济与碳排放关联系数，对我国地区间产业间的经济前后向关联和碳排放前后向关联进行对比分析，进而识别出了在我国实现碳减排目标中需要重点关注的重点部门和重点省份。

第五章我国省际贸易中的隐含碳转移与碳泄漏，首先对我国 2002—2007 年和 2007—2012 年 30 个省间隐含碳的流动以及变化状况进行了研究；然后从碳泄漏的视角，重新审视我国 CO_2 排放强度削减目标的实现情况，并与当前的基于生产的评估方式进行对比分析。

第六章属地碳减排对其他地区的影响，以 J 地区为例，从地区和行业层面分析其碳减排目标实现造成的外部影响，运用结构分解模型 SDA 研究其贸易隐含碳变化的影响因素，并通过虚拟情景对 J 地区的国内经济贸易活动对全国二氧化碳排放总量的影响进行了初步分析。

第七章结论与展望，主要对本书的主要研究结论、研究创新点、政策建议、不足之处及研究展望进行阐述。

第二章 研究进展

第一节 产业关联研究进展

一、研究综述

一个国家的各产业之间存在着复杂的经济关联，既相互影响又相互制约。通过各部门间的投入产出数量关系，结成的某种形式和程度的联系，即产业关联（Interindustry linkages）。基于投入产出模型，学者构建了多种产业关联效应的测度方法，这些方法可以有效识别关键的产业，从而促进新兴产业的崛起，以及国民经济的产业结构优化和升级。

随着工业化进程的加快，从 19 世纪 50 年代开始，产业关联研究受到了学界及政府管理者的普遍关注。基于不平衡发展理论，Hirschman（1958）提出用产业关联效应来衡量产业的相对重要性，这是基于投入产出视角进行产业关联分析的理论基础。通过寻找驱动经济快速发展的重要产业，为发展中国家工业化问题制定经济发展策略。Chenery 和 Watanable（1958）提出了 Hirschman 关联效应最初始的测度方法，该方法基于直接消耗系数矩阵与直接分配系数矩阵，通过中间投入率和中间产出率分析产业结构和评价产业关联效应，但其只考虑产业间的第一轮消耗，忽略了产业间的间接消耗问题。而 Rasmussen（1956）提出的产业关联分析方法，是基于完全需求系数矩阵（Leontief 逆矩阵），不仅考虑产业间的第一轮消耗，还考虑了间接的多轮消耗，对产业间的间接消耗问题进行了弥补，影响更为深远，应用更为广泛。Yotopoulos 和 Nugent（1973）也认为，Rasmussen 基于 Leontief 逆矩阵的方法测度的是总关联效应，同时考虑了直接消耗和间接消耗，从完全需求系数的经济含义来看，可以有效解决不完全测度的问题。产业关联效应测度的理论和应用研究在 Hirschman、Chenery 和 Watanable 以及 Rasmussen 等学者的开创性工作下得以展开。

对于后向产业关联，Rasmussen(1956)提出了基于完全需求系数矩阵的产业关联测度方法，多用于计算产业间的后向产业关联。Yotopoulos 和 Nugent(1973)认为对于 Rasmussen(1956)的方法，直接消耗系数矩阵和完全需求系数矩阵的同一行元素不具有可比性，从而用这些矩阵的行之和来对前向产业关联效应进行测度可能缺乏严格的经济含义，因此不赞同采用 Leontief 逆矩阵的行和衡量前向关联效应。对于前向产业关联，Augustinovics(1970)最早从产品分配的角度构建 Ghosh 模型进行分析，其从经济学角度提供相对合理的支撑。Jones(1976)构建的前向关联的测度方法，基于 Ghosh 逆矩阵完全供给系数矩阵进行论证，并获得其他学者的认可和采纳应用。同时我国学者刘起运(2002)也不建议采用完全需求系数矩阵的行向分析前向关联，此外我国国家统计局也改用 Ghosh 逆矩阵测算前向关联效应。

对于常规的经济关联测度方法，有学者认为其忽略了各产业的相对规模，从而会对计算结果造成误差。Rasmussen(1956)认为，不加权的完全关联效应假设包含了各产业等权重的假设，他提出的测度方法是按照各个产业的最终产品比重加权平均的形式进行测度。19 世纪 70 年代，学者们开始关注和重视产业关联理论应用中存在的问题，并纷纷提出各种方案对关联效应的测度进行修正，并进一步提炼关联效应的经济内涵。Hazari(1970)通过实证分析，对不加权与加权测度方法的测算结果进行比较，认为应当根据不同的分析目的选择相应的研究方法；Laumas(1976)认为不加权的测度形式有悖于基本事实，因为现实经济中各产业规模、重要性程度不同，因此他更偏向 Rasmussen 提出的加权测度方法。刘起运(2002)提出的方法对关联系数的分母进行加权，对一单位产出(最终产品或增加值)

产生的影响进行分析。杨灿(2005)通过实证研究发现,虽然具有较大的关联系数的某些产业,但在整个经济系统中并不具有举足轻重的地位,因为虽然其关联系数较大,但产业规模很小,因此对整个经济系统的影响作用不大。该研究的加权测度方法考虑产业的绝对规模大小,以衡量产业的真实经济关联效应,类似于 19 世纪 80 年代以来部分学者较为热衷的虚拟消去法。但因虚拟消去法打破经济完整性的假设,从产业对经济总产出的绝对流量角度评价各产业的影响力,是另一套分析体系。产业关联效应问题,自 Hirschman 提出以来已有近 70 年的历史,经过学者们对测度指标经济含义的思考和改进,带动关联效应测度理论不断发展。

二、小结

纵观学者对关联效应的研究,产业间的经济关联以及碳排放关联方面的研究可以从以下方面进行深入研究:

第一,现有研究多在全国层面考察一个产业整体与另一个产业整体的关联,测度某一产业变化对另一产业经济或者碳排放的影响,或在单个省份层面,考察内部产业之间的关联,虽对我国产业整体或具体地区的碳减排具有一定的借鉴作用,但是由于中国各个地区的产业之间存在密切复杂的经济关联及碳排放关联,因此基于省级层面的不同产业之间的精细化的关联研究,相比某个产业、某个地区的研究更全面也更具有针对性。

第二,多数研究仅以基于边际或平均分析的碳关联系数来衡量,未能全面反映产业部门碳排放的绝对规模,无法客观反映产业各个部门之间碳排放的转移及其带来的影响,比如我国某些产业虽然具有较大的边际关联系数,但由于其较小的经济规模,并未对整个经济产生较大影响。因此,有必要从边际意义和绝对规模的角度对产业关联效应进行测度。

第三,现有研究多从单方面研究经济关联,或是只在碳排放关联不同时考虑经济关联。由于不同于发达国家,我国作为发展中国家,工业化、城镇化、农业现代化任务艰巨,产业结构的优化需要同时考虑经济发展和碳减排。因此，从全国范围来看，需对碳排放关联大而经济关联低的产业进行控制。因此，通过同时考虑各地区不同产业的碳关联和经济关联，识别重点减排产业以及重点减排地区，可以更好地促进地区产业的均衡发展和产业结构的优化、升级，从而为制定合理有效的减排政策提供支撑。

因此，本书以各地区的具体产业为研究对象，以全国总体碳减排和经济发展为目标，以产业关联性为切入点，分别从我国各地区的产业间后向与前向关联进行分析，将考虑边际意义和考虑绝对规模的关联系数相结合，综合产业间的经济关联与碳排放关联，以识别我国的碳排放重点关联产业以及重点减排地区。

第二节　贸易隐含碳研究进展

贸易隐含碳（Emission Embodied in Trade，EET）是指当进行贸易时，内含在贸易产品中随之转移的碳排放。即当一国输出产品时相当于被输入了"碳排放"，也即替他国进行生产，承担着碳排放；反之，输入产品，则意味着利用国外的生产从而有利于本国碳排放的减少。实质上这是一种伴随着国际贸易"商品流"而流动的"碳排放"。近年来，随着气候变化国际谈判的深入以及碳排放逐渐成为制约国家发展的稀缺性资源，贸易中的"隐含碳"问题受到广泛关注。由于贸易对国家、地区和全球的二氧化碳排放的重要影响，贸易隐含碳具有重要研究意义。从现有文献来看，最早关于隐含碳的研究始于 1994 年 Wyckoff 和 Roop 对 OECD 成员国贸易中隐含碳的探索，并在 1997 年之后开始大量涌现。学者针对国际贸易中的隐含碳排放进行了大量研究，一般认为发达国家为隐含碳净进口国，新兴工业化和发展中国家为隐含碳净出口国。如 Ahmad 和 Wyckoff（2003）对 1995 年 24 个国家间多边贸易中隐含碳排放进行研究，结果表明 OECD 国家（尤其是美国、日本、德国等）为 CO_2 净进口国，而中国和俄罗斯是主要的 CO_2 净出口国。IPCC(2001)第三次报告也对发达国家通过国际贸易将碳排放泄漏到发展中国家的问题给予高度关注。

一、国际上关于贸易隐含碳的研究进展

对贸易隐含碳问题的研究，西方国家起步较早，且在研究方法、研究对象上不断深入。根据研究对象，可以将国际隐含碳的研究分为三类：①单个国家的对外贸易：研究多以发展中国家为研究对象，研究结果表明，国际贸易对全球各国的碳排放均有较大影响，发展中国家的生产性碳排放量超过其消费性碳排放量。总体来看，国际贸易中的隐含碳主要从发展中国家流向发达国家。②双边贸易伙伴之间：这类研究大多侧重于两个发达国家之间或一个发达国家与一个发展中国家之间的贸易，也有侧重于两个发展中国家之间的贸易。其中涉及我国的研究结果表明，中国一直是隐含碳的净出口国，说明我国在从贸易中获取经济利益的同时，承担了巨大的环境责任。③几个国家或地区之间：结果通常表明，在多边贸易体制下，发达国家是隐含碳的净进口国，而大多数发展中国家是净出口国，即发展中国家替发达国家承担了由于消费产生的碳排放责任(表 2-1)。

表 2-1 不同研究尺度的国际贸易隐含碳估算

研究对象	研究者	方法	主要研究结果
全球	Mongelli 等(2006) 丛晓男等(2013)	多区域投入产出法	全球进口贸易中的隐含碳近 25%源于发展中国家以及经济转型国家； 通过 GTAP 国际投入产出数据的研究发现：全球贸易隐含碳数量巨大，占全球碳排放总量的 1/4 左右
区域	Wyckoff 和 Roop(1994)	多区域投入产出法	最早研究了贸易中的碳排放。结论显示，1984—1986 年隐含在进口制造产品中的碳排放占到 6 个 OECD 国家总碳排放量的 13%
单一国家	Peters(2005) Kratena(2007)	单区域投入产出法	挪威进口贸易的隐含碳排放占其国内碳排放总量的 67%，其中大约一半来自发展中国家； 奥地利进口商品的隐含碳排放量比出口商品的隐含碳排放量高

研究对象	研究者	方法	主要研究结果
中国对外	Xu 等(2009) 王凤棠(2015) 高静等(2016)	单区域投入产出法和多区域投入产出法	2002—2007 年，中国出口到美国的隐含能源和隐含 CO_2 排放分别占其国内总能源消费和总 CO_2 排放的 12%～17% 和 8%～12%； 2007 年对外贸易中，表现为隐含碳排放净出口； 测算中国与发展中国家虚拟进口碳排放与实际进口碳排放偏离的差额远小于发达国家
国内区域之间	肖雁飞(2014) 赵玉焕(2015)	多区域投入产出法	2002—2007 年，东部沿海地区通过产业转移，从西北和东北地区转入隐含碳；2007 年东部沿海、南部沿海、西南区域是区域间贸易隐含碳主要的净流入区域，京津、东北和西北区域是贸易隐含碳的净流出区域
国内省际	Zhong Z.(2015) 石敏俊(2012)	多区域投入产出法	中国 30 个省份间贸易隐含碳总量约占中国 2007 年碳排放总量的 60.02%； 中国存在从能源富集区域和重化工基地分布区域向经济发达区域和产业结构不完整的欠发达区域的碳排放空间转移

(1)对单个国家和地区对外贸易隐含碳的研究。

针对单个特定国家或地区的对外贸易中贸易隐含碳排放，通常采用单区域投入产出(Single-region Input-Output，SRIO)模型进行研究，分析其出口、进口产品过程中的碳排放，建立贸易中贸易隐含碳排放平衡账户(Balance of Embodied Emissions in Trade)评价贸易的综合环境影响。

对于一个国家或地区的贸易隐含碳研究，多采用进口替代(Avoided Emissions Embodied in Imports)方法，即在计算进口商品中隐含碳排放时利用的是进口国的投入产出表和碳排放系数。对于某一国家而言，进口涉及众多贸易伙伴国家，在难以获得多个不同的进口国家投入产出表和碳排放系数数据的情况下，采用进口替代的方法可以大大简化计算过程。此外，对于某个国家而言，进口产品确实在一定程度上避免了本国生产过程产生的碳排放，具有碳排放的"替代效应"。在这种"替代"假设下，对于经济发展水平和碳排放强度类似的贸易伙伴国来说，比如发达国家之间，产生的误差较小；但对于发达国家和发展中国家之间，其经济发展水平和碳排放强度差异较大，这一假设会低估发达国家的进口贸易隐含碳，且高估发展中国家的进口贸易隐含碳。

（2）双边和多边贸易隐含碳研究。

在双边贸易分析中，一些学者利用两个国家不同的投入产出表和碳排放系数来降低上述"进口替代法"存在的误差。

在多边贸易隐含碳研究方面，进口产品存在中间使用和最终消费两种用途。在对外贸易隐含碳核算方法上，无论针对单一国家，还是双边和多边贸易，都存在从进口竞争型（国内中间产品和进口中间产品完全替代的竞争型投入产出）向进口非竞争型（国内中间产品和进口中间产品加以区分的竞争型投入产出）方法的改进。在计算出口贸易隐含碳时，若不区分生产过程中所消耗的进口中间产品，将生产出口产品所需的中间投入都当成国内生产，会使出口贸易隐含碳有所高估。针对此问题，进口非竞争型模型将进口从国内中间使用和最终需求中区分开，以体现国内产品和进口产品间的不完全替代性，较为清晰地反映了生产过程和最终需求过程对进口产品的消耗，更好地揭示出口贸易中国内生产部分的贸易隐含碳排放。

（3）区域间贸易隐含碳。

对于双边和多边贸易隐含碳的研究，虽然其不仅考虑了不同地区之间生产技术和碳排放强度的差异，而且考虑了出口产品中进口产品的影响，但仍然存在的问题是，进口产品会来自除双边贸易国家外的其他国家，而这些国家又从其他多个国家和地区进口。譬如，A 国向 F 国出口一架飞机，在该飞机的生产过程中的原材料和半成品可能会从 B 国、C 国进口，而 B 国、C 国可能需从 D 国、E 国进口原材料，以此类推，这个生产链可能会延伸到全球所有国家。因此，为了计算 A 国出口飞机中所隐含的碳排放，不仅需要 A 国的贸易相关伙伴 F 国的生产技术与碳排放技术水平，还需要考虑 A 国与其他国家之间复杂的直接和间接经济关联。

为全面反映各个国家（地区）各个产业之间的经济关联，同时测算多个国家的贸易隐含碳量，地区间投入产出模型（Multi-region Input-Output，MRIO)应运而生。其将每个地区、每个部门的投入与产出结构均进行了细分，反映了每个区域、每个部门的产品对不同地区、不同部门的消耗和分配情况。许多学者从理论和技术层面对 MRIO 模型在贸易隐含碳领域的应用进行了详细讨论。Lenzen 等(2004)建立 MRIO 模型分析丹麦、德国、瑞典、挪威和其他国家等的五地区间贸易中隐含 CO_2 排放。结果表明，相比传统的单区域投入产出模型(丹麦净出口 CO_2 为 11 Mt)，MRIO 模型结果显示丹麦进口和出口贸易隐含碳基本平衡。

随着全球贸易分析计划(GTAP)的实施和全球主要经济体投入产出表、贸易数据库的建立，OECD 对其成员国和一些非成员国投入产出表的收集整理，以及 Lenzen 等(2012，2013)建立的全球 158 个国家投入产出 Eora 数据库的出现等，MRIO 模型应用所面临的数据问题得到一定程度的解决，应用 MRIO 模型分析国际贸易隐含碳的研究越来越多。丛晓男等(2013)研究了全球不同国家或地区之间贸易中的贸易隐含碳，发现全球贸易中的贸易隐含碳数量巨大，约占全球碳排放总量的 1/4，美国、欧盟等则净流入隐含碳数量较大，而中国等金砖国家的净流出隐含碳数量较大。

在空间维度上，目前一般认为发达工业化国家为贸易隐含碳净进口国，新兴工业化和发展中国家为贸易隐含碳净出口国，存在发达国家通过国际贸易将碳排放转移到其他国家或地区的趋势。IPCC(2001)的报告指出，从发达国家转移到发展中国家的碳排放可能占发达国家总碳减排量的 $5\% \sim 20\%$。这表明，如果工业化国家能够大致达到《京都议定书》规定的碳减排要求，实现 5% 的碳减排量，那么由于工业化国家通过贸易等途径将碳排放转移至发展中国家，会造成这些发展中国家碳排放的增加，因此其中 1% 的减排放量不会真正消除。

进一步地，不对称的碳减排政策会加剧这种碳转移。目前核算一个国家的碳排放量，包括 IPCC 国家温室气体清单指南中规定的方法，通常从生产视角(Production-based)进行研究。凡是在一国生产而产生的碳排放均算入该国碳排放账户中，包括生产出口产品而排放的 CO_2，但进口产品生产而排放的 CO_2 则排除在外。在经济全球化的背景下，一些附件一国家可以通过国际贸易进口本国所需产品而降低国内碳排放，完成减排要求。因此，在开放的经济系统下，由于大量碳排放净出口或净进口的普遍存在，很难保证碳减排任务的真实完成。事实上，贸易隐含碳的转移还可能发生在发达国家之间，由于发达国家之间碳减排压力和政策力度的不同，也会导致国家之间碳密集型产业的转移。

二、我国关于贸易隐含碳的研究进展

(1)我国对外的贸易隐含碳的研究。

随着我国对外贸易活动的日益频繁，以及国内外节能减排压力的逐步加大，越来越多的学者开始关注我国在对外贸易中的贸易隐含碳排放。

Shui 和 Harriss 对中美贸易的研究发现，在 1997—2003 年，中国碳排放总量的 7%～14% 是为了满足美国的消费需求而产生的。IEA 对中国出口贸易隐含碳的评估认为，2004 年中国与能源相关的隐含 CO_2 排放出口占国内生产排放总量的 34%；若考虑扣除进口的贸易隐含碳排放，中国对外贸易引起的 CO_2 净出口可能为国内排放总量的 17% 左右。国内学者也针对我国对外贸易中的贸易隐含碳排放开展了大量研究。陈迎等(2008)研究了中国 2002—2006 年进出口商品中的隐含碳排放，结果表明 2002 年我国净出口 1.5 亿吨碳。从消费的角度看，中国能源消耗及 CO_2 等温室气体排放的快速增长，除国内投资和消费需求膨胀之外，国外消费需求所引起的中国出口的迅速增加也起了重要的加速作用，国外消费者，尤其是发达国家的消费者，应该为中国日益增长的温室气体排放负责。

需要指出的是，以上研究均基于我国整体的投入产出表，将中国作为一个整体，从国家层面分析中国与其他国家出口的隐含碳和能源等。然而，全国整体投入产出表只能反映平均的经济生产水平，并假定出口分布和国内生产分布具有同质性。

对于中国而言，地区间差异较大，更为细致的地区分类在研究区域间问题上更为准确，而过于整合的投入产出表则会产生较大误差。

(2)我国省际贸易中隐含碳的相关研究。

随着我国投入产出编制技术的发展，学者们对我国国内区域间贸易中的隐含碳问题日益关注。姚亮和刘晶茹(2010)对1997年中国八大区域间贸易中的隐含碳问题进行了研究。张峰、蒋婷(2011)对山东省对外贸易中的隐含碳问题进行了研究，结果表明1984—2008年山东省是隐含碳的被转移对象，其出口贸易是碳排放增加的主要原因。张毓卿(2011)对江西省各部门的出口贸易中的隐含碳排放进行了研究，结果表明江西省2002—2007年出口额每增加1%，会促使其贸易中的隐含碳排放增加0.35%。石敏俊和张卓颖(2012)对2002年我国区域的碳足迹和省区间的隐含碳排放转移进行了研究。Feng等(2013)对中国八大区域间2007年贸易中的隐含碳排放进行了研究。肖雁飞等(2014)对我国八大区域间贸易中的隐含碳排放和以出口和消费为导向的产业转移进行了研究。赵玉焕等(2015)用2007年中国区域间投入产出表，计算了中国八大区之间的隐含碳转移，结果表明东部沿海、南部沿海、西南区域是区域间贸易隐含碳主要的净进口区域，京津、东北和西北区域是区域间贸易隐含碳主要的净出口区域。

三、小结

贸易隐含碳研究是定量衡量贸易环境影响的重要指标。概括来讲，现有研究主要集中在国际贸易层面，发展脉络基本沿着从对单个国家贸易的研究到双边和多边贸易的研究再到基于区域间投入产出关联的贸易隐含碳研究，相应地，在研究方法上也不断完善，从核算直接碳排放到完全碳排放，从进口竞争型投入产出分析到进口非竞争型投入产出分析，从单地区投入产出、多地区投入产出分析到区域间投入产出分析等。

从我国隐含碳的定量研究来看，可以从以下几个方面进行深入研究以做补充：

(1)针对我国贸易的研究，主要集中在我国国家整体层面的对外贸易方面，衡量我国进出口贸易中的隐含碳，关于我国省际贸易的隐含碳研究较少。现有的研究大多分析我国出口中的贸易隐含碳或双边贸易中的隐含碳，这些研究结果对国家碳减排政策的实施和国际谈判有重要作用。然而，中国省际贸易中隐含碳研究还不多，亟须针对我国省际贸易隐含碳进行研究。原因如下：首先，我国地区间经济发展水平、碳减排技术以及能源利用效率等方面存在明显差异，隐含碳排放研究需要更加详细的区域分析，这将为我国不同地区碳减排责任分配奠定基础。其次，随着区域经济一体化的不断发展，省际贸易将成为促进经济增长的重要力量，我国区域间由于经济关联所带来的隐含碳排放量较大，是不容忽视的问题。例如，Zhong 计算了中国 30 个省(以及城市和县)的隐含碳，研究结果表明，2007 年 30 个省的区域间隐含碳占中国二氧化碳总排放量的 60.02%。

(2)现有关于中国区域间贸易隐含碳的研究，多探讨区域或省份间隐含碳的流动关系。例如，Zhang 分析了发达地区和欠发达地区之间的隐含碳流动关系，发现中国区域碳溢出主要集中在沿海地区，这导致了中西部地区碳排放量的增加。然而，对于一个特定的地区，特别是处于产业链顶端，生产知识密集型和技术密集型产品的发达地区，从地区和行业层面，详尽研究其在省际贸易中的隐含碳流动及变化，并分析其对其他地区碳排放的依赖程度的较少。

(3)通常贸易隐含碳的研究选取一个特定年份进行分析，但对于区域间贸易隐含碳的时序和空间变化的分析较少。例如，Su 在 1997 年计算了中国八个地区的隐含碳，发现发达地区将碳排放量转移到内陆的发展中地区，因此发达地区是碳排放量的净流入方，而发展中地区是净流出方。然而，时间序列比较研究可以反映不同时间段区域间隐含碳流量的变化情况，以更好地理解隐含碳变化的长期趋势，并对影响因素进行深入分析。因此，本书对省际隐含碳的时间和空间变化进行分析，并在此基础上讨论隐含碳对各区域碳排放的影响。

（4）通常研究在国家层面上进行产业的总量分析，假设国内不同区域的同一产业是同质的。但实际上，同一产业在不同的地区，其生产技术差异很大，这只反映了某一产业的平均经济生产技术，而没有考虑同一行业在生产技术和二氧化碳排放强度方面的省际差异。因此，有必要关注我国产业在不同区域间贸易的隐含碳转移情况，因为隐含碳的排放往往是由特定区域的特定部门驱动的。

（5）对隐含碳的净流入和碳泄漏的区别需要进一步明确。现有研究多将某一年隐含碳净流入或净流出看作碳泄漏。然而，某地区在某一年的隐含碳净流入状况，更多体现的是地区之间客观存在的"环境占用"状况，这是由各地区的资源要素禀赋不同导致的产业分工不同等造成的，具有一定的合理性，是各地区遵循贸易比较优势理论的产物。不同的是，本书认为一个地区在省际贸易中的碳泄漏量可以通过该地区在两年间隐含碳净流入的变化值体现。正变化代表该地区在研究期间对外泄漏了碳排放，即通过省际贸易降低了本地的碳排放；负变化代表该省被其他地区泄漏了碳排放。

（6）关于碳减排目标的评估，多数研究从生产者责任原则角度进行分析，很少将碳泄漏纳入评估各省的碳减排目标。然而，因为大量的 CO_2 排放隐含在贸易中，一个地区的生产性 CO_2 排放会受到其他地区消费的影响，并且会越来越对各地区 CO_2 排放减排目标的实现产生影响。通过我国"十三五"各地区碳减排目标的设置可以看出，在我国相对发达的省市设定了相对更高的碳减排目标，如广东（20.5%）、上海（20.5%）、江苏（19%），而欠发达的西部省份目标较低，如青海（12%）、新疆（12%）。由于沿海省份的碳排放强度目标更高，这些地区的企业会将能源密集型的生产设施转移到内陆省份，以实现其碳减排。而且随着省际贸易的扩大，会更进一步加重碳泄漏问题。因此，仅以基于生产的方法计算各省的碳排放量可能会忽略省际的碳泄漏，因此需要用基于消费的计算方法，对中国各省的 CO_2 减排目标的实现情况进行重新审视。

第三节　碳减排责任研究进展

一、三种原则

贸易使消费与生产在空间上发生分离，对不同主体的碳减排责任划分问题进行研究，有助于研究经济关联带来的环境公平问题。

1. 生产责任原则

生产责任原则的理论依据是经合组织 1974 年提出的"污染者付费原则"，即要求污染者赔偿污染损失、支付治理费用，其目的是通过污染成本内部化的方式，达到减少污染的目的。《国家温室气体清单指南》（以下简称《指南》）按照生产责任原则的精神，规定国家清单的范围包括"在国家领土和该国拥有司法管辖权的近海海区发生的温室气体排放和消除"，因此也称为"领土责任原则"。UNFCCC 和《京都议定书》均以 IPCC 制定的《指南》来对一个国家的碳排放责任进行测度。

对于生产者责任原则的质疑主要包含以下几个方面：①在全球化背景下，生产责任原则将诱使发达国家通过产业转移或扩大进口的方式减少本国的碳排放责任，但这将导致碳泄漏从而破坏减排努力；②按 IPCC 的生产责任原则，国际运输并未发生在某国领土范围内，因而不算入任何国家的碳排放清单，这将使大约 3% 的全球碳排放没有任何国家负责；③缺乏公平性，许多学者认为发展中国家通过出口为发达国家的消费产生了大量碳排放，发达国家通过进口不仅掠夺了资源，还将碳排放留给发展中国家。该原则不利于碳净出口国，发达国家通过进口发展中国家的产品，转移了碳排放，应该承担相应的减排责任。例如，Munksgaard 和 Pedersen（2001）对丹麦进出口碳排放进行测算，认为生产责任原则将出口产品碳排放等同于国内排放，使丹麦难以完成本国的减排目标，这对丹麦不公平。

2. 消费责任原则

由于"碳泄漏"现象的存在，许多学者提出了消费责任原则。各国的碳排放责任应按其国内最终消费引起的碳排放估算，包括进口产品碳排放，而排除出口产品碳排放。因此，产品碳排放的计算将不仅包括直接排放，还包括研发、上游投入、运输等所有间接排放，其计算结果被称为"产品贸易隐含碳"。消费责任原则的思想主要源于"生态足迹"的理念，即消费活动会消耗自然资源并对环境产生影响。由于消费者的需求驱动了产品和服务的生产，因此消费者应该为这部分碳减排承担责任。

消费责任原则的优势包含：①纳入了与消费有关的碳排放源，弥补了生产责任原则的不足，因为最终消费是造成二氧化碳排放的最主要驱动因素，解决环境问题需要形成对环境有利的消费偏好，使消费者清楚其生活方式所引起的碳排放，同时提高政府和企业对间接排放的认识。②有利于解决目前国际气候政策的问题，尤其体现在提高发展中国家参与减排的意愿、减少碳泄漏、解决竞争力等问题上。③有助于制定可持续的消费和生产政策以及国家和地区层面的气候政策，有利于形成低碳产品的比较优势。

3. 共担责任原则

共担责任原则要求生产者和消费者按一定比例分担碳排放责任。共担责任原则需要解决的核心问题是碳排放责任如何在生产者和消费者之间分配的问题。目前文献中较多的几种分配方式见表 2-2。

表 2-2　基于"生产者-消费者"共担的几种分配比例确定方法

研究者	分配方式	内涵	不足
Marques 等(2012)	基于技术差异分配方法	输出地区的产品由输入地区按照自身技术生产，由此产生的"虚拟碳排放"由输入地区承担，剩下的部分由输出地区承担	对于技术差异相同的地区不易进行责任分配

研究者	分配方式	内涵	不足
Ferng(2003)；Wiedmann(2006)；徐玉高和何建坤(2000)	均等分配法	生产者与消费者的隐含碳排放责任比例为1：1	忽略个体之间的差异
Bastianoni(2004)；Lenzen(2007)；Andrew(2008)	碳排放增加法	对于碳排放责任承担的比例，某环节的责任应该为上游环节和本环节累计碳排放增加值占整条产业链累计总排放量的比值 C_i/C，该环节的最终排放责任为其碳排放责任比例与产业链总排放量之积	对直接或间接的碳排放进行加总，但对于部门的汇总问题不能合理解决，且越到生产链下游比例越大，会造成消费者承担大部分责任
Lenzen(2007)；Peter(2008)；秦昌才(2007)；赵定涛(2013)	经济增加值法	某一环节的责任比例为该环节的增加值占净产出的比值 VA/NO，下一环节的责任比例为（1－VA/NO）。某一部门的排放量就等于该部门直接排放量加上一环节传递下来的排放量之和乘以 VA/NO	更多运用于生产链上生产者与消费者的分配，较少用于国家排放责任的分配

多数学者认为共担责任原则在公平性上更进了一步，因为出口国虽然增加了碳排放，但通过出口产品创造了收入，而进口国通过进口产品提高了生活质量且降低了本国的碳排放，两者都从中获益，所以应该共同分担碳排放责任。相比生产责任原则，该原则下生产链上各环节的责任都与其上、下游环节密切相关，从而鼓励各环节相互配合以减少整个生产链的排放。相比消费责任原则，生产者与消费者共担的责任原则更利于发达国家与发展中国家之间碳泄漏问题的解决，将促使生产者和消费者合力减少碳排放。

二、小结

上述三种原则将碳减排责任划分给不同的主体，生产责任原则将其划归于出口国，消费责任原则将其归于进口国，而共担责任原则要求出口国和进口国共同分担。表2-3对三种原则进行了简要总结。

表 2-3　三种分配原则的对比与总结

比较项	生产责任原则	消费责任原则	共担责任原则
理论依据	"污染者付费原则"	"生态足迹"理念	"受益原则"
基本计算公式	排放=活动数据×排放因子	国家碳排放责任=国内碳排放+进口内涵碳－出口内涵碳	$E=A+pB+(1-p)C$
贸易碳排放责任划分	出口国承担	进口国承担	两者按比例分担
优点	与目前的国际气候制度融合较好，与各国的主权边界和环境管理边界更具有一致性	1. 弥补生产责任原则不足； 2. 减少碳泄漏； 3. 有利于技术转移和清洁发展机制； 4. 引导低碳消费	1. 相比生产责任原则，鼓励生产链各环节配合减排； 2. 相比消费责任原则，促进生产者和消费者合理减排
减排效果	引起碳泄漏	减排动力不足	形成减排合力
可操作性	强	中	弱
其他缺点	1. 国际运输中的碳排放无法计算； 2. 降低碳净出口国的减排意愿； 3. 不利于引导低碳的消费方式	1. 若无足够激励政策，消费者难以自觉承担； 2. 含关税或边境调节税； 3. 计算的不确定性	1. 扩大了责任者，难以明确各方责任； 2. 分担比例不确定
对发展中国家的影响	对发展中国家不公平	可以提高发展中国家碳减排意愿	相比生产责任原则，对发展中国家更有利

三、贸易隐含碳的驱动因素研究

近年来，因素分解分析在全球的碳减排研究中得到广泛应用，利用这种方法分解影响贸易隐含碳变化的因素，可以为识别降低碳排放的影响因素提供参考。该方法基于比较静态分析理论，其基本思想是将目标变量的变动分解为若干个影响因素变动之和，进而比较各个影响因素对目标变量变动的影响作用方向与大小，对目标变量正向和负向变动的主要因素进行识别。其主要的分析模型是指标分解模型（Index Decomposition Analysis，IDA）和结构分解模型（Structural Decomposition Analysis，SDA）。

1. 指标分解模型

指标分解模型将碳排放的变化量表示为几个因素指标的乘积，并根据确定权重的方法确定各个指标的增量值，可以得到各个影响因素的效果。该模型可以使用部门的加总数据，对于数据的要求较低，分解的形式有绝对值形式、强度形式和弹性形式等。指标分解模型的操作方法较为简单，包括拉氏（Laspeyres）指数法、迪氏（Divisia）指数法和费雪指数法等，其中拉氏指数法和迪氏指数法较为常用。该模型的缺陷在于均存在分解的剩余项，且无法分解出最终需求结构和中间投入技术等因素。

2. 结构分解模型

结构分解模型以投入产出表为基础，其核心思想是将经济系统中某目标变量的变动分解为各独立自变量各种形式变动的和，从而对各自变量对目标变量变动贡献的大小进行测算。该模型优势在于可以分析各种直接或间接的增长因素，但对数据要求相对较高，较为复杂。Haan（2001）认为对任何一对分解形式进行平均计算，都会降低分解结果的偏差，对各个因素的影响效应可采用两极平均分解方法来确定。通过梳理现有关于研究中国贸易隐含碳驱动因素的文献（表2-4），可以发现：

（1）研究方法：SDA法理论基础明确、数据整齐，能分析各种直接因素和间接因素影响，这是较为主流的研究方法。近几年，越来越多的学者将SDA与投入产出模型结合起来进行分析。

（2）研究内容：结构分解通常从规模效应、结构效应、技术效应等因素进行分解，研究结果表明，规模效应对隐含碳增加的贡献率最大，结构效应贡献率较小，技术效应贡献率为负。

（3）研究对象：不仅包括影响一国进出口总规模变动的因素分析，还有进出口贸易重点减排部门的分析。例如，冯宗宪等（2013）对中国各部门在减排中担任的角色进行分析，结果显示黑色金属冶炼加工业、通信电子设备制造业等部门的隐含碳出口规模效应最大；化学制品业、交通运输业、石油加工业、金属制品业、设备制造业及纺织业的规模效应最大；黑色金属冶炼加工业的结构效应最大。张璐（2013）的研究发现，对于轻工业和其他制造业而言，出口结构对隐含碳排放的变化量有负效应作用；对于高科技工业而言，中间产品的投入结构对隐含碳排放的变化量有抑制作用。

表2-4　关于中国贸易隐含碳驱动因素的研究

作者	方法	结论
张友国 （2010）	SDA	1987—2007年，对于中国出口隐含碳，出口规模效应是正效应，产品结构、投入结构和碳排放系数影响作用不明显
李艳梅等 （2010）	SDA	1997—2007年，对于中国出口隐含碳，直接碳排放强度和出口结构为负效应，总量效应及技术效应是正效应
Xu，et al. （2011）	SDA	2002—2008年，对于中国进口隐含碳，产出结构、出口结构及规模是正效应
杜运苏等 （2012）	SDA	1997—2007年，对于中国出口隐含碳，出口规模效应是正效应，直接排放系数和技术进步是负效应
王丽丽等 （2012）	SDA	2002—2007年，对于中国出口隐含碳，出口规模效应、中间投入结构、出口结构是正效应，贡献率分别为106.58%、10.80%、2.62%
赵玉焕等 （2013）	SDA	1995—2009年，中国出口美国贸易中隐含碳，出口规模为强正效应，投入产出结构与出口结构是正效应，技术效应为强负效应

续表

作者	方法	结论
赵玉焕等（2014）	SDA	1995—2009 年，中国出口日本贸易中隐含碳，规模效应贡献率最大，结构效应影响最小，技术效应为负效应
Dong et al. （2010）	SDA	1998—2008 年，对于中国出口隐含碳，出口规模效应是正效应且作用最大
杜运苏等（2012）	SDA	1997—2007 年，对于中国出口隐含碳，出口规模效应是正效应，结构变化、碳强度是负效应

第三章　模型设定及数据说明

本章阐述本书中所需的基本模型和核心数据。首先，本书采用我国区域间投入产出模型（MRIO），该模型是当前认识我国省际贸易状况的理想数据来源。然后，详细介绍了本书关于产业关联的计算方法、隐含碳转移和碳泄漏的分析方法，以及分析隐含碳变化影响因素的结构分解分析方法。最后，本章对本书中实证分析所采用的指标和数据处理方法、数据来源等进行了详细说明。

第一节　区域间投入产出模型

本书选取美国经济学家 Leontief 于 1936 年提出的投入产出分析法，衡量我国区域贸易的产品中所隐含的直接和间接的二氧化碳排放总量。该方法用于研究国民经济系统中各部门间投入和产出经济活动的相互依赖性，反映各个部门在生产过程中的直接和间接的经济技术联系。本书所采用的是我国区域间投入产出模型，其进一步揭示了我国各省市各部门之间的经济技术联系。在我国区域间经济关联的基础上纳入二氧化碳排放因子，对我国经济系统产品中所隐含的直接和间接的二氧化碳排放进行研究。

投入产出模型的分析均是基于投入产出表进行的，以矩阵的形式描述了各部门产品的投入来源和使用去向，展示国民经济体系中各产业部门之间相互联系、相互制约的数量关系。投入产出中的部门为"纯部门"，也即假定每个部门只生产单一的产品，并具有单一的投入结构。实际的经济部门同时生产许多类产品，但往往以某种产品为主，其他产品为辅。比如某钢铁厂的产品包括钢铁、采矿、电力、焦炭、化工等，为混合部门，但以钢铁产品为主。在投入产出表中，是将企业中所有产品按照部门属性进行分类，并归到相应的产品部门，这样得出的部门为"纯部门"。如果没有纯部门的假定，模型必然将过大，给其应用带来困难。对于投入产出表，其垂直方向包含中间投入和增加值两个部分，表示各部门生产过程中的消耗或投入情况，中间投入表示各部门在生产活动中对原材料、动力、服务等的消耗，增加值包括固定资产折旧、从业人员报酬、生产税净额和营业盈余。投入产出表的水平方向表示各部门产品的使用情况，包含中间使用和最终使用两部分，其中中间使用是本时期系统内需进行进一步加工的产品，最终使用为本时期供最终使用的产品，可分为国内需求和净出口两个部分。国内需求包括消费和资本形成总额两部分，其中消费又可以细分为政府消费和居民最终消费两部分。净出口为出口和进口之差。

基于传统的投入产出表，区域间投入产出模型进行了区域细分，与单区域投入产出模型不同的是，其能够充分反映不同地区的生产技术和经济关联，因而能对贸易的环境影响进行更为准确的测度。

假设一个区域间投入产出表包括 m 个地区，并且每个地区包括 n 个产品部门，那么通过这个表可以得到以下信息（表 3-1）：

（1）不同地区不同部门的中间产品使用量 $\mathbf{Z}^{rs} = (z_{ij}^{rs})_{n \times n}(r, m=1, 2, \cdots, m; i, j=1, 2, \cdots, n)$。其中，$\mathbf{Z}^{rs}$ 表示 r 地区向 s 地区的中间投入，z_{ij}^{rs} 表示 s 地区的第 j 个部门对 r 地区的第 i 个部门产品的直接消耗量。本书以我国 30 个省之间 27 个部门的地区间投入产出模型进行分析，故 $m=30$，$n=27$，详见后文数据处理部分。

（2）国内最终产品使用量 $\mathbf{Y}^{rs} = (y_i^{rs})_{n \times 1}$，以及对外贸易中的出口量 $\mathbf{Ex}^r = (ex_i^r)_{n \times 1}$。其中，$\mathbf{Y}^{rs}$ 表示 r 地区分配给 s 地区的最终使用总量，y_i^{rs} 表示 r 地区的第 i 部门分配给 s 地区的最终使

用产品总量，Ex^r 表示 r 地区的出口总量，而 ex_i^r 表示 r 地区的 i 部门的产品出口量。

（3）从国外进口的满足本国中间投入的进口品量 $Im_z^s = (im_{zj}^s)_{1 \times n}$，以及从国外进口的满足本国最终使用的进口量 $Im_y = (im_y^s)_{1 \times m}$。

（4）国内各地区各部门的增加值投入 $V^s = (v_j^s)_{1 \times n}$。

（5）国内各地区各部门的总投入或总产出 $X^s = (x_j^s)_{1 \times n}$。

表 3-1 地区间投入产出模型的基本形式

项目			中间需求					最终需求				总产出
			地区 1			地区 m		地区 1	$\cdots$	地区 m	出口	
			1	$\cdots$	n	1	$\cdots$	n				
国内中间投入	地区 1	部门 1	Z^{11}			$\cdots$		Z^{1m}	Y^{11}	$\cdots$	Y^{1m}	Ex^1	X^1
		$\cdots$											
		部门 n											
	$\cdots$	$\cdots$								$\cdots$			$\cdots$
	地区 m	部门 1	Z^{m1}			$\cdots$		Z^{mn}	Y^{m1}	$\cdots$	Y^{mm}	Ex^m	X^m
		$\cdots$											
		部门 n											
进口			Im_z^1			$\cdots$		Im_z^m	Im_y				
增加值			V^1			$\cdots$		V^m					
总投入			X^1			$\cdots$		X^m					

由于任一部门 i 的产出量等于其产品的中间使用与最终需求量之和。因此，地区间投入产出表行向平衡关系为

$$x_i^r = \sum_s \sum_j z_{ij}^{rs} + \sum_s y_i^{rs} + ex_i^r \qquad (3.1)$$

式（3.1）可进一步改写为

$$x_i^r = \sum_j z_{ij}^{rr} + y_i^{rr} + \sum_{s(s \neq r)} \sum_j z_{ij}^{rs} + \sum_{s(s \neq r)} y_i^{rs} + ex_i^r \qquad (3.2)$$

可见，r 地区的 i 部门的总产出，一部分用于本地生产的中间投入 $\sum_j z_{ij}^{rr}$ 和本地的最终使用 y_i^{rr}；一部分用于非 r 地区的生产的中间投入 $\sum_{s(s \neq r)} \sum_j z_{ij}^{rs}$ 和非 r 地区的最终消费 $\sum_{s(s \neq r)} y_i^{rs}$；另有一部分用于出口 ex_i^r。

第二节　产业关联计算方法

一、产业关联

在产业投入产出的分析框架中，产业链中的每个产业之间紧密相连，一条完整的产业链包含原始要素投入、中间产品的投入和生产以及最终产品消费。在原材料的运输、产品生产和输送中都会产生二氧化碳的排放，并伴随着产品的空间流动而发生区域之间的转移。因此，有必要从产业关联角度，研究产业链中一个产业的投入产出关系的变动，对其他产业投入产出水平的波及和影响程度，进而为提出不同地区不同产业部门的差异化的产业政策提供参考，从而有效实现我国的二氧化碳减排。

1. 产业关联理论

产业结构分析可以为制定和执行产业政策提供理论依据，其基本分析方法是产业关联理论。产业关联理论运用投入产出模型，对产业间的投入产出进行量化，对社会再生产过程中的各种比例关系和基本特征进行分析。

（1）理论渊源。

古典经济学学者魁奈的《经济表》、凯恩斯的国民收入决定理论和瓦尔拉斯的"一般均衡理论"等，奠定了产业关联理论的基础。

魁奈是法国重农学派的创始人，在继承了古典经济学的系统观、整体观的思想基础上，于1758年发表了《经济表》。在经济史上首次用图式的办法，把生产过程看成一个循环的过程，阐述了经济剩余是如何形成的，对社会再生产过程的全貌进行了描述，这个阶段的理论为列昂惕夫的投入产出理论的提出奠定了重要的理论基础。

凯恩斯提出的国民收入决定理论包含支出和收入两个方面，总支出流等于总收入流。对于整个国民经济而言，主要的四个组成部门为家庭、企业、政府和国外，其收入核算总和为消费、储蓄、税收和进口。另外，总支出可以表示消费支出、投资支出、政府购买支出和出口支出之和。总投入等于总产出这一原则是产业关联理论进行因素分析的主要原则，其通过计算消耗系数、影响力系数、感应度系数和依赖度系数等，分析某一产业的因素变动对国民经济其他产业所造成的影响。

瓦尔拉斯于 1874 年在《纯粹政治经济学纲要》提出的"全部均衡理论"，不仅能考察高度复杂的、纵横交叉的相互关系，还提出用大型联立方程组的设想来解决复杂的商品结构中各种商品均衡价格形成的条件，构成了产业关联理论的理论基础。

（2）列昂惕夫提出的产业关联理论。

基于魁奈和凯恩斯的理论精华基础，列昂惕夫一方面简化和完善了瓦尔拉斯"一般均衡理论"，另一方面增加了部分假设，将经济主体拆分为有限的经济部门，在其中增加了中间产品概念，提出产业关联理论。在 1936 年，列昂惕夫发表了第一篇关于投入产出的《美国经济体系中投入产出的数量关系》。在本书中他构建了投入产出分析的基本模型，该理论基于国民经济体系进行分析，通过其中的平衡关系，对国民经济中各产业部门间的经济技术联系的比例关系进行细致研究。他应用投入产出法研究了美国的经济结构和经济均衡，这是产业关联理论初步形成的重要标志。而产业关联理论正式产生，是以 1941 年列昂惕夫的著作《美国的经济结构 1919—1929》发表为标志，从此产业关联的研究成为一门独立的学科。在这本书中，列昂惕夫对投分析模型进行了进一步的完善，对行模型、列模型进行了扩展，采用实际数据进行分析、验证和应用，投入产出理论的原理及其发展历程得以系统地阐述。该理论与经济、环境、人口等重大问题进行结合，应用到国家发展中，能够为一国制定和执行经济政策提供具有实际操作性的分析手段，从而促进各产业部门的协调发展。

2. 产业关联的类型和方式

产业关联理论主要从数量的角度对产业之间的技术经济联系，以及产业间投入与产出的量化比例关系进行研究。各产业之间互相联系、互相制约、互相投入（有形投入或无形投入）的产品和服务构成了国民经济的有机整体。产业间有多种复杂的技术经济联系，不仅包括各产业生产中的横向联系，还包括产业内部的纵向联系。前者是指对于不同产业部门，其成本与利润，生产与销售是紧密相关的，因此，任何产业部门的生产销售一旦发生变化，便会对其他相关联的产业造成不同程度的影响。后者是指在生产过程中，某产业通过提高资源的加工深度、利用效率，可以达到不断降低生产过程中的投入产出比的目的。

对于产业关联的类型，主要有产品与服务之间的关联、价格之间的关联、技术之间的关联、投资之间的关联和就业之间的关联等。对于产业关联的方式主要有直接关联和间接关联，前向关联、后向关联以及环向关联，单向关联与双向关联等。

二、计算方法

由于投入产出分析法是产业关联分析的基本工具，因此本书基于我国地区间投入产出分析模型，对我国地区的产业间的经济关联与碳排放关联、前向关联与后向关联，以及边际意义和绝对规模的关联进行分析。以下主要对不同类型的关联模型计算方法进行介绍。

1. 产业碳排放关联效应

（1）边际意义的后向产业碳排放关联值。

边际意义的后向产业经济关联是生产部门与供给其原材料、设备等的生产部门之间的联系和依存关系，基于完全需要系数进行计算。

对于地区 s 部门 j，其后向关联为

$$BL_j^s = \sum_r \sum_i l_{ij}^{rs} \qquad (3.3)$$

BL_j^s 表示地区 s 部门 j 单位最终产品对国民经济各地区各部门生产的拉动作用（影响力）之和，变量 l_{ij}^{rs} 表示地区 s 部门 j 为生产一个单位的最终产品而对地区 r 部门 i 总产出的需求量。

然后，计算各产业由于后向经济关联带来的碳关联排放，即一个产业对那些向其直接或间接供应产品的产业所带动的碳排放增加量，即"购买"其他部门的碳排放。

$$BLC_j^s = \sum_r \sum_i c_i^r l_{ij}^{rs} \qquad (3.4)$$

其中，BLC_j^s 表示碳排放后向关联，即 j 部门的最终使用增加一个单位时，其拉动本省及其他各省产出增长而带来的碳排放，c_i^r 表示地区 r 部门 i 单位产出产生的直接碳排放量，其他符号的含义与前文所述一致。

（2）边际意义的前向产业碳排放关联值。

首先，计算边际意义的前向产业经济关联，对 Ghosh 逆矩阵（完全分配系数）的行向元素求和来衡量部门的前向关联，即用 $(I-H)^{-1}\mu$ 表示前向联系，表示某产业或部门每一个单位增加值通过直接或间接联系需要向另一个产业或部门提供的分配量。

对于地区 r 部门 i，其前向关联值为

$$FL_i^r = \sum_r \sum_j g_{ij}^{rs} \qquad (3.5)$$

FL_i^r 表示地区 r 部门 i 增加一个单位的增加值对不同地区不同部门的总产出的推动作用（感应力）之和，变量 g_{ij}^{rs} 表示地区 r 部门 i 为增加一个单位的增加值而对地区 s 部门 j 总产出的推动作用。

然后，计算前向碳排放关联，是指某产业增加一个单位的初始投入，对其下游产业生产过程中的碳排放增加的影响，即"出售"自身的碳排放：

$$FLC_i^r = \sum_r \sum_j g_{ij}^{rs} c_j^s \qquad (3.6)$$

其中，FLC_i^r 表示碳排放前向关联，即 r 地区 i 部门的初始投入增加一个单位时，推动本省及其他各省产出增长而带来的碳排

放，c_j^s 表示部门 j 单位产出产生的直接碳排放量，其他符号的含义与前文所述一致。

（3）基于绝对规模的产业经济与碳排放关联值。

上述各种测度方法是从边际消耗的角度计算产业间的相对关联强度。基于边际意义的测度方法，从新增产出所能引起的变化角度衡量和比较产业的碳排放影响力，表达的是一个产业的单位增加值或最终产品的增加带来的碳排放影响，表征的是地区的产业所具备的碳减排能力，决定着产业结构发展变化的方向，适合作为近期的产业结构调整的参考标准。事实上，个别经济总量规模很小的产业，其经济和二氧化碳排放影响力可能很大，即某个总量规模很小的产业具有极大的影响力，并不一定表明它在整个经济系统中就真正具有举足轻重的牵引作用。由于即便某产业具有较强的二氧化碳减排能力，但是若受到产业规模局限的影响，也无法发挥较大的二氧化碳减排作用。因此，本书还测度了绝对规模的碳排放关联效应，其基于产业的最终产品或增加值总量进行测算，更符合产业的现实情况。通过综合产业的边际效应和绝对效应，可以对实际的产业关联效应和产业的碳排放效应进行较为全面的刻画，用于衡量地区的产业所具备的碳排放潜力，适合作为远期的产业结构调整的参考指标。

考虑绝对规模的产业后向经济与碳排放关联值为

$$\boldsymbol{TX}_j^s = \sum_r \sum_i l_{ij}^{rs} Y_i^r \tag{3.7}$$

$$\boldsymbol{TC}_j^s = \sum_r \sum_i c_i^r l_{ij}^{rs} Y_i^r \tag{3.8}$$

考虑绝对规模的产业前向经济与碳排放关联值为

$$\boldsymbol{TX}_i^r = \sum_j \sum_s Z_i^r g_{ij}^{rs} \tag{3.9}$$

$$\boldsymbol{TC}_i^r = \sum_j \sum_s Z_i^r g_{ij}^{rs} c_j^s \tag{3.10}$$

上述计算方法是从全国视野考虑了不同地区的产业之间的关联，侧重于从省级层面分析产业之间的碳排放关联，避免了从单一省份内部孤立分析行业之间的碳排放关联，而忽略了一个省份的行业与其他省份的行业之间的关联。

2. 地区间碳排放关联效应

地区间的碳排放关联系数研究，需要将一个地区的各个行业的关联值进行加总(加权测度或不加权测度)。不加权的关联效应测度包含各产业等权重的假设,有悖于现实经济中各产业规模不同、重要性程度不同的基本事实,难以有效衡量规模悬殊的各产业的相对重要性。本书以各产业最终产品的相对份额作为权重来加权计算地区关联效应。

(1)边际意义的地区间后向碳排放关联值。

$$BLC^{rs} = \sum_i \sum_j \frac{f_j^s}{\sum_{j=1}^n f_j^s} c_i^r l_{ij}^{rs} \tag{3.11}$$

BLC^{rs} 表示 s 地区增加一单位最终使用(按各产业最终使用的比例加权)对 r 地区的新增碳排放。

为比较地区间后向碳排放关联的大小,建立地区间碳排放后向关联系数:

$$BLC^s = \frac{\sum_r BLC^{rs}}{\frac{1}{n} \sum_s \sum_r BLC^{rs}} = \frac{\sum_r \sum_i \sum_j \frac{f_j^s}{\sum_{j=1}^n f_j^s} c_i^r l_{ij}^{rs}}{\frac{1}{n} \sum_s \sum_r \sum_i \sum_j \frac{f_j^s}{\sum_{j=1}^n f_j^s} c_i^r l_{ij}^{rs}} \tag{3.12}$$

其中,$BLC^s > 1$,表示 s 地区增加一单位最终使用(按各产业最终使用的比例加权)对全国各地区的新增碳排放拉动作用高于其他地区增加一个单位最终使用时对碳排放的平均拉动水平。

(2)边际意义的地区间前向碳排放关联值。

地区间碳排放前向关联为

$$FLC^{rs} = \sum_j \sum_i \frac{z_i^r}{\sum_{i=1}^n z_i^r} g_{ij}^{rs} c_j^s \tag{3.13}$$

FLC^{rs} 表示 r 地区增加一单位增加值(按各产业增加值的比例加权)对 s 地区的新增碳排放。为比较地区间前向碳排放关联的大小,建立地区间碳排放前向关联系数:

$$FLC^r = \frac{\sum_s FLC^{rs}}{\frac{1}{n} \sum_r \sum_s FLC^{rs}} = \frac{\sum_r \sum_j \sum_i \frac{z_i^r}{\sum_{i=1}^n z_i^r} g_{ij}^{rs} c_j^s}{\frac{1}{n} \sum_s \sum_r \sum_j \sum_i \frac{z_i^r}{\sum_{i=1}^n z_i^r} g_{ij}^{rs} c_j^s} \tag{3.14}$$

其中,$FLC^r > 1$,表示 r 地区增加一单位增加值(按各产业增加值的比例加权)对全国各地区的新增碳排放推动作用高于其他地区增加一个单位增加值时对碳排放的平均推动水平。

(3)绝对规模的前向和后向碳排放关联值。

通过将式(3.8)、式(3.10)分地区进行加总,即可得到各地区的绝对规模的前向和后向碳排放关联值。

绝对规模的地区后向碳排放关联值(即基于最终使用的碳排放)为

$$TC^s = \sum_{j=1}^{n} TC_j^s = \sum_{j=1}^{n} \sum_r \sum_i c_i^r l_{ij}^n Y_i^r \qquad (3.15)$$

绝对规模的地区前向碳排放关联值(即基于增加值的碳排放关联)为

$$TC^r = \sum_{i=1}^{n} TC_i^r = \sum_{i=1}^{n} \sum_j \sum_s z_i^r g_{ij}^n c_j^s \qquad (3.16)$$

第三节 隐含碳的转移和碳泄漏分析方法

一、省际贸易中的隐含碳

1974 年的国际高级研究机构联合会(IFLAS)首次提出了"隐含流"(Embodied Flow)概念,在"Embodied"后面加上资源或者污染排放物的名称,用以分析产品生产过程中污染的排放以及对资源的消耗状况。"隐含碳"是"隐含流"的衍生概念,由于生产任何一种产品,都会直接或间接地产生二氧化碳,因此把产品或服务在整个加工、制造、运输等全过程中,直接和间接排放的二氧化碳的总量称为隐含碳。对于省际贸易而言,即输入和输出的产品在生产全过程中所直接和间接排放的碳排放量总和。

隐含碳的概念可以通过图 3-1 进行描述,以从一架飞机的生产过程为例。假设煤和矿石的开采过程中所直接排放的二氧化碳为 A,间接排放的二氧化碳为 A'(如采矿过程中所需要的电力在其生产过程中所产生的二氧化碳)。类似地,钢铁在生产加工过程中直接排放的二氧化碳为 B,间接排放的二氧化碳为 B₁……综上，一架飞机在生产过程中的直接排放的二氧化碳可表示为"A+B+C+D+E"，间接排放的二氧化碳可表示为"A′+B′+C′+D′+E′"。因此，"A+B+C+D+E+A′+B′+C′+D′+E′"即为生产一架飞机所产生的直接与间接排放的二氧化碳之和，即隐含碳。通过上述分析可以看出"隐含碳"体现了从"摇篮到坟墓"的全过程的控制思想，其作为一个环境指标，用来描述产品供应链中从上游到下游生产过程，再到消费环节的各个环节中所产生的直接的和间接的全部二氧化碳排放。

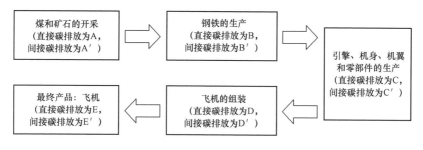

图 3-1 隐含碳示意图

在现有文献中，一般通过以下方法计算具体的隐含碳含量：①直接计算：将贸易差额乘以二氧化碳排放强度。这种方法适用于当数据可获得性受到限制的时候，但是可能导致结果过于简化。②生命周期评估法（LCA）：通过分析产品整个生命周期内的所有物质活动输入来计算二氧化碳排放。因为这种方法需要大量的数据，多应用于一些有完整数据可用的产品。由于这种方法只计算了投入生产的直接碳排放，但是对于更为复杂的间接投入产品的碳排放未加以计算，因此可能存在截断误差。③投入产出法（I-O）：20 世纪列昂惕夫提出的这种方法是目前国际上应用最广泛的方法。该方法最早通过使用投入产出表以分析不同部门之间的投入和产出之间的平衡，然后应用于资源和环境领域。投入产出模型可以进一步分为单区域投入产出（SRIO）模型、双边贸易隐含排放量（EEBT）模型和多区域投入产出模型（MRIO）。

在分析贸易中贸易隐含碳排放，目前较为通用的方法是采用基于最终使用的 MRIO 方法，其可以计算出贸易中的产品在生产过程中所直接和间接排放的碳排放总和，更能体现贸易产品的影响，故该方法在核算贸易隐含碳方面得到越来越多的应用。MRIO 方法考虑到 r 地区调入 s 地区，而 s 地区又将部分产品用于中间投入并最终供其他地区消费的情况，将用于中间投入的部分内生化，作为地区间经济关联和生产技术的组成部分。

MRIO 方法区别对待贸易产品的中间投入和最终消费两个部分。基于式(3.1)，用变量 $a_{ij}^{rs} = z_{ij}^{rs}/x_j^s$ 表示 s 地区 j 部门对 r 地区 i 部门的直接消耗系数，则变为

$$x_i^r = \sum_s \sum_j a_{ij}^{rs} x_j^s + \sum_s y_i^{rs} + ex_i^r \tag{3.17}$$

进一步写成矩阵形式，有

$$
\begin{bmatrix} \boldsymbol{X}^1 \\ \boldsymbol{X}^2 \\ \vdots \\ \boldsymbol{X}^m \end{bmatrix} = \begin{bmatrix} \boldsymbol{A}^{11} & \boldsymbol{A}^{12} & \cdots & \boldsymbol{A}^{1m} \\ \boldsymbol{A}^{21} & \boldsymbol{A}^{22} & \cdots & \boldsymbol{A}^{2m} \\ \vdots & \vdots & \vdots & \vdots \\ \boldsymbol{A}^{m1} & \boldsymbol{A}^{m2} & \cdots & \boldsymbol{A}^{mn} \end{bmatrix} \begin{bmatrix} \boldsymbol{X}^1 \\ \boldsymbol{X}^2 \\ \vdots \\ \boldsymbol{X}^m \end{bmatrix} + \begin{bmatrix} \boldsymbol{Y}^{11}+\boldsymbol{Y}^{12}+\cdots+\boldsymbol{Y}^{1m}+\boldsymbol{Ex}^1 \\ \boldsymbol{Y}^{21}+\boldsymbol{Y}^{22}+\cdots+\boldsymbol{Y}^{2m}+\boldsymbol{Ex}^2 \\ \vdots \\ \boldsymbol{Y}^{m1}+\boldsymbol{Y}^{m2}+\cdots+\boldsymbol{Y}^{mn}+\boldsymbol{Ex}^m \end{bmatrix} \tag{3.18}
$$

令 $\boldsymbol{X} = \begin{bmatrix} \boldsymbol{X}^1 & \boldsymbol{X}^2 & \cdots & \boldsymbol{X}^m \end{bmatrix}'$，为 MRIO 模型中的 $mn \times 1$ 总产出向量。$\boldsymbol{A} = [\boldsymbol{A}^{rs}]_{m \times n}$，为 MRIO 模型中间消耗系数分块矩阵，其中 $\boldsymbol{A}^{rs}$ 为 s 地区对 r 地区的 $m \times n$ 中间消耗矩阵，故 $\boldsymbol{A}$ 为 $mn \times mn$ 矩阵。$\boldsymbol{Y}^s = \begin{bmatrix} \boldsymbol{Y}^{1s} & \boldsymbol{Y}^{2s} & \cdots & \boldsymbol{Y}^{ms} \end{bmatrix}'$ 为最终需求向量，表示地区 s 来自不同地区不同部门的 $mn \times 1$ 向量，其中 $\boldsymbol{Y}^{rs}$ 表示 s 地区对 r 地区的最终使用的需求量。$\boldsymbol{Ex} = \begin{bmatrix} \boldsymbol{Ex}^1 & \boldsymbol{Ex}^2 & \cdots & \boldsymbol{Ex}^m \end{bmatrix}'$ 为出口向量，表示各地区各部门的 $mn \times 1$ 向量。于是区域间投入产出模型用矩阵表示为

$$\boldsymbol{X} = \boldsymbol{AX} + \sum_s \boldsymbol{Y}^s + \boldsymbol{Ex} \tag{3.19}$$

$$\boldsymbol{X} = (\boldsymbol{I} - \boldsymbol{A})^{-1} (\sum_s \boldsymbol{Y}^s + \boldsymbol{Ex}) \tag{3.20}$$

令 $\boldsymbol{L} = (\boldsymbol{I} - \boldsymbol{A})^{-1}$，为列昂惕夫逆矩阵，表示满足某一个地区的一个部门的一个单位的最终使用对其他各地区各部门总产出的需求量。$\boldsymbol{L}$ 是 $mn \times mn$ 矩阵，其元素 l_{ij}^{rs} 表示地区 s 部门 j 为生产单位最终产品而对地区 r 部门 i 总产出的需求量。

令 $D=\begin{bmatrix} D^1 & D^2 & \cdots & D^m \end{bmatrix}'$，是直接碳排放系数向量，全国碳排放总量可以表示为

$$E_{total}=D'\times X=D'\times L\times(\sum_s Y^s+Ex) \tag{3.21}$$

定义 $C=D'\times L$，是完全碳排放系数向量，于是有

$$
\begin{aligned}
C &= \begin{bmatrix} D^1 \\ D^2 \\ \vdots \\ D^m \end{bmatrix}^{\mathrm{T}} \begin{bmatrix} L^{11} & L^{12} & \cdots & L^{1m} \\ L^{21} & L^{22} & \cdots & L^{2m} \\ \cdots & \cdots & \cdots & \cdots \\ L^{m1} & L^{m2} & \cdots & L^{mm} \end{bmatrix} \\
&= \begin{bmatrix} D^{1\prime}L^{11}+D^{2\prime}L^{21}+\cdots+D^{m\prime}L^{m1} \\ D^{1\prime}L^{12}+D^{2\prime}L^{22}+\cdots+D^{m\prime}L^{m2} \\ \vdots \\ D^{1\prime}L^{1m}+D^{2\prime}L^{2m}+\cdots+D^{m\prime}L^{mm} \end{bmatrix}^{\mathrm{T}} = \begin{bmatrix} C^1 \\ C^2 \\ \vdots \\ C^n \end{bmatrix}^{\mathrm{T}}
\end{aligned} \tag{3.22}
$$

其中

$$C^r=D^{1\prime}L^{1r}+D^{2\prime}L^{2r}+\cdots+D^{m\prime}L^{mr} \tag{3.23}$$

该矩阵表示 r 地区的各个部门的单位最终使用中所包含的直接和间接的完全碳排放量向量。

根据式(3.23)，对于任一地区 s，其最终消费中的隐含碳排放总量为

$$E_{Y^s}=C\times Y^s=\begin{bmatrix} C^1 \\ C^2 \\ \vdots \\ C^n \end{bmatrix}^{\mathrm{T}} \begin{bmatrix} Y^{1s} \\ Y^{2s} \\ \vdots \\ Y^{ms} \end{bmatrix}=\sum_r C^r Y^{rs} \tag{3.24}$$

其中，$C^r Y^{rs}$ 表示任一 r 地区对 s 地区调出贸易的贸易隐含碳排放，将其记作 $E_{Y^{rs}}$。可以发现 E_{Y^s} 包含 s 地区来自国内不同地区（含本地区）供给的最终消费产品中的贸易隐含碳，也称作 s 地区基于消费的碳排放。

对于 r 地区对 s 地区的调出贸易，将式(3.24)代入 $E_{Y^{rs}}$，有

$$E_{Y^{rs}}=(D^{1\prime}L^{1r}+D^{2\prime}L^{2r}+\cdots+D^{m\prime}L^{mr})Y^{rs} \tag{3.25}$$

可见，从 r 地区流出至 s 地区的贸易隐含碳排放，既包括 r 地区产生的直接贸易隐含碳排放 $D^{r\prime}L^{rr}Y^{rs}$，还包括引起其他地区间接产生的贸易隐含碳排放 $D^{t\prime}L^{tr}Y^{rs}(t\neq r)$。例如，计算北京由于调入其他地区的产品所产生的贸易隐含碳排放，除包括北

京本地产生直接碳排放外，还包括引起所有其他地区产生的间接贸易隐含碳排放。

反过来讲，r 地区也受其他地区对 s 地区调出贸易的影响。因此，r 地区受省际贸易影响，而对 s 地区调出贸易隐含碳总量 E_Y^{rs} 为（包括直接贸易隐含碳排放和间接贸易隐含碳排放）

$$E_Y^{rs} = \sum_t \bm{D}^{r\prime} \bm{L}^{rt} \bm{Y}^{ts} \qquad (3.26)$$

假定 r 代表北京，s 代表河北，当 $t=r=$ 北京时，表示北京输出至河北的产品对北京产生的直接贸易隐含碳排放。当 $t=$ 内蒙古时，表示内蒙古输出至河北的产品通过间接作用最终对北京产生的间接贸易隐含碳排放。可见，MRIO 方法对最终产品在生产的全过程以及隐含碳的地区和产业来源进行了很详细的追溯。

相应地，可以得到 s 地区受 r 地区最终需求影响而对 r 地区调出的隐含碳排放总量：

$$E_Y^{sr} = \sum_t \bm{D}^{s\prime} \bm{L}^{st} \bm{Y}^{tr} \qquad (3.27)$$

二、省际贸易中的隐含碳净流入分析

用 $\bm{O}^s$ 表示某一年 s 地区对 r 地区的隐含碳的净流入：

$$\bm{O}^s = \Delta \bm{E}^{rs} = E_Y^{rs} - E_Y^{sr} \qquad (3.28)$$

其中，$\Delta \bm{E}^{rs}$ 表示 r 地和 s 地之间贸易隐含碳相互流动的差值。若 $\Delta \bm{E}^{rs} > 0$，表明省际贸易中，r 地流出至 s 地的贸易隐含碳高于 s 地流出至 r 地的贸易隐含碳排放，r 地通过省际贸易被 s 地转移了碳排放，相当于本地的环境容量被"占用"了。若 $\Delta \bm{E}^{rs} < 0$，则表明 r 地通过省际贸易向 s 地转移了隐含碳，"占用"了 s 地的环境容量。下面以 J 地区为例进行介绍。

J 地区输入的省际贸易隐含碳（$\bm{EI}$）：

$$\bm{EI} = \bm{E}^{11} + \cdots + \bm{E}^{r1} + \cdots + \bm{E}^{N1} = \sum_r \sum_s \widehat{\bm{D}^\prime} (\bm{L}^{11} + \cdots + \bm{L}^{rs} + \cdots +$$

$$\bm{L}^{rn}) \bm{F}^{r1} \bm{Z}^{r1} \qquad (3.29)$$

其中，$\widehat{\bm{D}^\prime}$ 是碳排放强度矩阵；$\bm{L}^{rs}$ 表示区域 r 与区域 s 之间的 Leontief 逆矩阵；$\bm{F}^{r1}$ 是其他地区 1（J 地区）从其他地区 r 消费产

品的消费结构，Z^{r1} 是区域 1(J 地区)的最终需求规模。

J 地区输出的省际贸易隐含碳(EO)：

$$EO=E^{11}+\cdots+E^{1s}+\cdots+E^{1m}=\sum_r\sum_s \hat{D}^r(L^{11}F^{11}+\cdots+L^{1r}F^{1s}$$
$$+\cdots+L^{1n}F^{mn})Z^{1s} \tag{3.30}$$

其中，F^{1s} 为区域 s 从区域 1(J 地区)消费产品的消费结构，Z^{1s} 为区域 s 从区域 1(J 地区)消费产品的最终需求规模。

J 地区净输入的省际贸易隐含碳(E_{net})：

$$E_{net}=EI-EO \tag{3.31}$$

三、省际碳泄漏

《京都议定书》中对附件一国家与非附件一国家实施差异性碳减排政策，在其第一承诺期(2008—2012 年)内，规定只有附件一国家即发达国家和经济转轨国家有碳减排目标。在这种政策要求下，附件一国家会减少对碳密集型产品的生产，转而增加向没有碳减排压力的非附件一国家进口碳密集型产品。虽然附件一国家生产中的碳排放降低，但是为了满足附件一国家碳密集型产品的需要，非附件一国家生产中的碳排放就会相应增加，最终可能导致全球的碳排放总量增加，最终造成"碳泄漏"现象(图 3-2)。比如，发达国家把碳密集型产业转移到发展中国家，并增加从发展中国家对大量的碳密集型产品的进口，从而将其发达国家内的碳排放转移到发展中国家的现象称为"碳泄漏"。

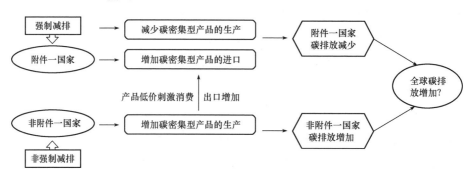

图 3-2 "碳泄漏"现象示意图

一般地，"碳泄漏"现象主要是在差异性政策措施和区域间贸易传输的共同作用下形成。对于那些有强制碳减排目标的国家来说，会减少对碳密集型产品需求或增加生产成本，然后通过能源市场引起能源产品的投资和贸易的变化，从而增加没有强制碳减排目标国家对于碳密集型产品的生产。其主要通过碳密集型产品的贸易、能源产品的国际贸易以及能源密集型产业的国际转移进行碳泄漏。

碳泄漏一般可以分为强碳泄漏和弱碳泄漏。其中，强碳泄漏是指由于强制碳减排国家的碳排放转移，导致的非强制碳减排国家碳排放量的绝对增加，常用CGE方法进行情景分析。弱碳泄漏更注重空间上某一国家或地区通过对外贸易向其他国家或地区泄漏了多少碳排放，认为碳泄漏并不取决于全球总体的碳排放是否增加或减少，也不取决于非附件一国家的碳增排是否受到附件一国家碳减排政策的影响。

关于碳泄漏的界定，现有研究多将某一年隐含碳净流入或净流出作为碳泄漏。然而，由于受各种历史因素，以及各地区的资源要素禀赋和产业分工等影响，在遵循贸易比较优势理论的规律下，一个地区某一年隐含碳净流入或净流出所呈现的环境占用具有一定合理性。而如果衡量一个地区对外环境占用量的变化量，能更好体现碳泄漏的内涵。因此，本书主要基于弱碳泄漏思想，关注我国各省之间通过贸易泄漏的碳排放，注重碳排放的空间转移，认为在省际贸易中一个地区在两年间隐含碳净流入的变化量为碳泄漏。正值表示在研究期间该地区通过省际贸易对外泄漏出碳排放，从而降低了本地的碳排放；负值表示在研究期间该地区通过省际贸易被其他地区泄漏了碳排放。

用 L^{rs} 表示 s 地区对 r 地区的"碳泄漏"：

$$L^{rs} = O_{t_1}^{rs} - O_{t_0}^{rs} \tag{3.32}$$

其中，$O_{t_1}^{rs}$ 表示 s 地对 r 地在 t_1 年的隐含碳净流入情况，$O_{t_0}^{rs}$ 表示 s 地对 r 地在 t_0 年的隐含碳净流入情况。若 $L^{rs} > 0$，表明省际贸易中，在 t_1 年 r 地对 s 地区净流出的隐含碳排放比 t_0 年 s 地对 r

地净流出的隐含碳排放更多，r 地在省际贸易中被 s 地"泄漏"了碳排放，表示 s 地区通过省际贸易降低了本地的碳排放；若 L^{rs} <0，则表明 r 地对 s 地"泄漏"了碳排放。

第四节 贸易隐含碳变化的结构分解分析方法

指数分解方法和结构分解方法是因素分解的两种主要方法。由于 SDA 法相比 IDA 法而言，可以基于投入产出表进行比较静态分析方法，对一个部门需求变动给其他部门带来的各种直接或间接的影响因素进行全面分析，特别是间接影响，以及 SDA 法相比于 IDA 法对数据有着更高的要求，可以提高研究的精度，因此本书基于 MRIO 模型采用 SDA 法探讨 J 地区由于最终需求变化带来的隐含碳变化的驱动因素。

SDA 分解模型包括保留交叉项、不保留交叉项（将其以不同权重方式分配给各自变量）、加权平均法、两极分解法等形式。保留交叉项方法由于交叉影响的存在，无法说明某个自变量对因变量的全部影响；不保留交叉项方法在合并交叉项时，存在权重不匹配问题；加权平均法虽然理论上比较完善，但是计算量较大；而两极分解法是加权平均法的近似解且比较直观，因此本书主要采用两极分解法，从需求总量（规模效应）、需求结构（结构效应）、碳排放强度（效率效应）和中间生产技术（技术效应）4 个因子定量测算对 J 地区输入贸易隐含碳的贡献总量及贡献率。

以 J 地区为例，其输入贸易隐含碳的分解模型如下：

以下标 0 和 1 分别表示基准期和计算期，在式（3.29）基础上，运用两极分解法定量测算研究期内影响 J 地区流入贸易隐含碳 ΔE 变动的影响因素的作用。

$$\Delta E = \hat{D_1'} \cdot L_1 \cdot F_1 \cdot Z_1 - \hat{D_0'} \cdot L_0 \cdot F_0 \cdot Z_0 \quad (3.33)$$

如果从计算期（即 1 期）开始进行分解，ΔE 可以分解如下：

$$\Delta E = \Delta \hat{D}' \cdot L_1 \cdot F_1 \cdot Z_1 + \hat{D}'_0 \cdot \Delta L \cdot F_1 \cdot Z_1 + \hat{D}'_0 \cdot L_0 \cdot \Delta F \cdot Z_1 + \hat{D}'_0 \cdot L_0 \cdot F_0 \cdot \Delta Z \quad (3.34)$$

如果从基期（即 0 期）开始进行分解，ΔE 可以分解如下：

$$\Delta E = \Delta \hat{D}' L_0 \cdot F_0 \cdot Z_0 + \hat{D}'_1 \cdot \Delta L \cdot F_0 \cdot Z_0 + \hat{D}'_1 \cdot L_1 \cdot \Delta F \cdot Z_0 + \hat{D}'_1 \cdot L_1 \cdot F_1 \cdot \Delta Z \quad (3.35)$$

取算数平均值，ΔE 可得：

$$\Delta E = \frac{1}{2}\Delta \hat{D}'(L_0 \cdot F_0 \cdot Z_0 + L_1 \cdot F_1 \cdot Z_1) + \frac{1}{2}(\hat{D}'_0 \cdot \Delta L \cdot F_1 \cdot Z_1 + \hat{D}^{1'}_1 \cdot \Delta L \cdot F_0 \cdot Z_0) + \frac{1}{2}\hat{D}'_0 \cdot L_0 \cdot \Delta F \cdot Z_1 + \hat{D}'_1 \cdot L_1 \cdot \Delta F \cdot Z_0) + \frac{1}{2}(\hat{D}'_0 \cdot L_0 \cdot F_0 \cdot \Delta Z + \hat{D}'_1 \cdot L_1 \cdot F_1 \cdot \Delta Z) \quad (3.36)$$

$f(\Delta \hat{D}') = \frac{1}{2}\Delta \hat{D}'(L_0 \cdot F_0 \cdot Z_0 + L_1 \cdot F_1 \cdot Z_1)$，表示全国其他地区的碳排放强度 $\hat{D}'$（效率效应）的变化对 J 地区输入贸易隐含碳排放变动 ΔE 带来的影响。

$f(\Delta L) = \frac{1}{2}\Delta L(\hat{D}'_0 \cdot F_1 \cdot Z_1 + \hat{D}'_1 \cdot F_0 \cdot Z_0)$，表示全国其他地区的列昂惕夫逆矩阵 L（技术效应）的变化对 J 地区输入贸易碳排放变动 ΔE 带来的影响。

$f(\Delta F) = \frac{1}{2}\Delta F(\hat{D}'_0 \cdot L_0 \cdot Z_1 + \hat{D}'_1 \cdot L_1 \cdot Z_0)$，表示 J 地区对其他省份最终产品的需求结构 F 的变化（结构效应）对 J 地区输入贸易碳排放变动 ΔE 带来的影响。

$f(\Delta Y) = \frac{1}{2}\Delta Z(\hat{D}'_0 \cdot L_0 \cdot F_0 + \hat{D}'_1 \cdot L_1 \cdot F_1)$，表示 J 地区对其他省份最终使用的需求总量 Y（规模效应）的变化对 J 地区输入贸易碳排放变动 ΔE 带来的影响。

第五节　数据来源和说明

为分析我国省际贸易中隐含碳排放，需要两个方面的数据支持：一是我国省市区域间投入产出表；二是各省市分部门的碳排放数据。本节主要介绍本书所采用的我国地区间投入产出表，以及我国各省市分部门的碳排放数据的来源和处理方法。

一、我国地区间投入产出表

1. 我国地区间投入产出表

从 1987 年开始，我国在逢 2、逢 7 年份开展全国投入产出专项调查，编制投入产出基本表；在逢 0、逢 5 年份编制投入产出延长表。除西藏与港澳台外，各省（自治区、直辖市）也与国家同步编制了本地区的投入产出基本表。

2. 本书所采用的区域间投入产出模型

为了系统地分析我国省际贸易活动中的隐含碳的变化情况，需要进行时序分析。鉴于数据可得性以及编制方法上的匹配性，本书选取由中国科学院地理科学与资源研究所区域可持续发展分析与模拟重点实验室刘卫东等（2012，2014，2018）编制的 2002、2007、2010、2012 年我国省市区域间投入产出表。研究对象包括 30 个省级地区：22 个省、4 个自治区（内蒙古、广西、新疆和宁夏，不包括西藏）和 4 个直辖市（北京、上海、天津和重庆）。本书中采用的表是非竞争性投入产出表，对中国省际贸易中进口产品进行了排除，可以避免对省际贸易隐含碳的高估。多区域投入产出表提供了我国各个行业的贸易数据，对于计算跨部门省际贸易中的碳排放量具有重要意义。

二、我国各地区各部门的 CO_2 排放数据

由于我国尚无官方公布的各省各行业二氧化碳排放数

据，本书采用 CEADS（Chinese Emission Accounts and Data-sets）数据库中的二氧化碳排放数据，包括中国 30 个省的 45 个行业的数据；附表 1 列出了本书研究中包含的省份。二氧化碳排放数据通过计算 20 种能源（原煤，精煤，其他洗煤，煤球，焦炭，焦炉煤气，其他煤气，其他焦化产品，原油，石油，汽油，煤油，柴油，燃料油，液化石油气，炼油气，其他石油产品，天然气，非化石燃料热能，非化石燃料电力和其他能源）燃烧排放和工业生产过程（水泥）中的排放得出。

多地区投入产出表与 CEADS 数据库的 CO_2 排放数据之间的行业数量不同，MRIO 表中有 30 个行业，CEADS 数据库中有 45 个行业。根据行业之间的特点，本书将 CEADS 数据库和 MRIO 表的二氧化碳排放数据的部门合并为 27 个部门，如附表 2 所示。

第六节 小结

本章阐述了本书研究分析所需的基本模型和核心数据。

本书采用的是区域间投入产出模型，该模型是当前认识我国省际贸易状况的理想数据来源，同时它能够充分反映不同地区不同部门间的生产技术和经济关联，能体现地区间贸易关联、衡量贸易产品中隐含的直接和间接的二氧化碳排放方面。基于区域间投入产出模型核算贸易隐含碳排放时，根据对地区间贸易的不同处理，存在基于双边总贸易量的 EEBT 方法和基于最终消费贸易的 MRIO 法。MRIO 法对产品生产过程中不同地区不同部门之间原材料的消耗状况进行了体现，揭示了地区间、部门间完整的生产链，可以追踪某一个最终产品的完全隐含碳及排放地区。本书旨在基于地区间经济关联，揭示地区间的贸易隐含碳排放，故采用 MRIO 模型进行分析。该模型能够充分反映不同地区不同部门间的生产技术和经济关联，衡量贸易产品中隐含的直接和间接的二氧化碳排放。另外，本章对分析我国省际贸易中隐含的碳排放所需的实证数据基础进行了说明，选取了 2002、2007、2010 和 2012 年我国地区间投入产出表以及各省市分部门的 CO_2 排放数据进行分析。

第四章 我国碳减排的重点产业识别

相较于现有研究多关注国家或省级层面的碳减排重点产业识别，本章基于地区间产业间关联，通过构建我国不同地区产业间的经济与碳排放关联模型，运用边际关联与绝对关联效应方法，分别从前向关联（产业链前端）和后向关联（产业链末端）识别了国家层面碳减排目标下的省级层面的重点碳减排部门与重点地区。

第一节 地区的产业间碳排放关联分析

从后向和前向关联视角，首先从全国层面计算我国 27 个行业整体的基于边际意义和绝对规模的碳排放关联，筛选出全国层面的重点产业；然后从省际层面，分别计算全国 30 个省 27 个产业的基于边际意义和绝对规模的碳排放关联，进行全国排序，确定每个具体产业在全国的定位，并列出后向和前向关联居于全国前十的产业。

一、全国重点产业横向比较

为从全国层面识别碳减排重点产业，将各个产业在各省份的前后向关联值取全国平均值进行横向比较。从边际意义的后向、前向碳排放关联平均值来看（图 4-1，彩图见二维码），我国电力、热力的生产和供应业（S22）均为全国产业中最大，一方面反映了该产业对整个国民经济发展中碳排放的推动能力最大；另一方面，说明国民经济及其他产业对该行业的需求较大，从而使得该产业对其他产业的碳排放拉动力最大。

彩图 4-1

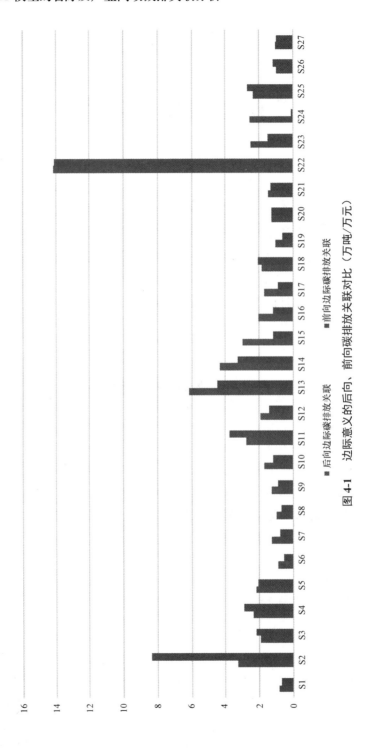

图 4-1　边际意义的后向、前向碳排放关联对比（万吨/万元）

从绝对规模的后向、前向碳排放关联对比来看(图 4-2,彩
图见二维码),前向关联最大的是电力、热力的生产和供应业
(S22),后向关联最大的是建筑业(S24)。在考虑各个产业的绝
对规模的情况下,建筑业(S24)作为产业链的下游,对上游部
门的产品需求拉动的碳排放总量最大;而电力、热力的生产和
供应业(S22)作为产业链的上游,为下游部门提供投入品从而
推动的碳排放总量最大。对于建筑业(S24)来说,虽然其边际
意义上后向碳关联不高,但是由于建筑业(S24)具有较大的产
出规模,因此考虑产出规模的绝对影响力度的绝对碳排放关联
效应测度方法可显示出后向碳关联为全国最高。

彩图 4-2

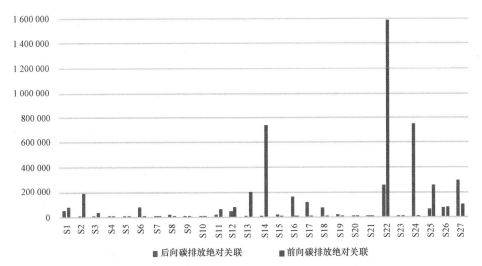

图 4-2 绝对规模的后向、前向碳排放关联对比(百万吨)

从全国产业层面来看,电力、热力的生产和供应业(S22)
以及建筑业(S24)在全国产业中为重点关联产业,与一般研究
结果类似。为进一步探讨同一产业在我国不同地区碳排放关联
程度的差异,本书接下来分别以电力、热力的生产和供应业
(S22)和建筑业(S24)为例,分析省份之间的碳排放关联差异。

1. 建筑业

从绝对意义的碳排放后向关联来看(图 4-3),山东、广东及
内蒙古的建筑业(S24)碳排放后向关联高于其他省份,全国碳
排放后向关联最高的三个省份为山东、广东及江苏。以山东为

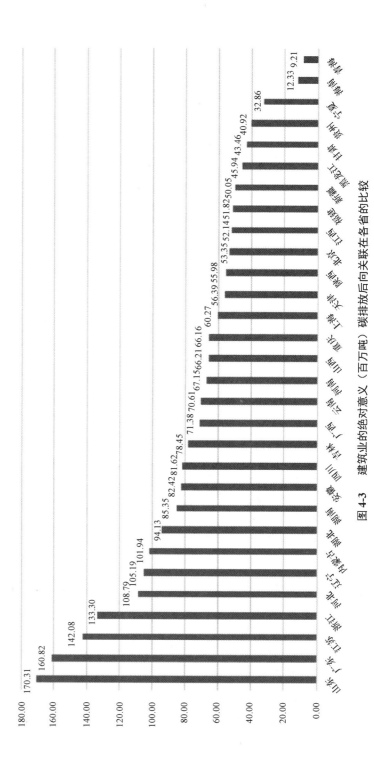

图 4-3　建筑业的绝对意义（百万吨）碳排放后向关联在各省的比较

例，其绝对意义的碳排放绝对关联（170.31 百万吨）为青海（9.21 百万吨）的 18.49 倍，表明了从绝对意义的后向碳排放关联来看，建筑业（S24）在两省间存在很大差异。因此，建筑业（S24）的碳排放关联特征在不同省份间具有异质性，如果对各省的建筑业（S24）实行同样的碳减排政策，不加以区分地区的差异性，比较缺乏合理性。

从边际意义的碳排放后向关联来看（图 4-4），宁夏（4.47 吨/元）位列第一，是排名最后一位的福建（1.55 吨/元）的 2.88 倍。说明对于建筑业（S24）来说，并非全国的各个省份的该行业都具有较高的边际意义的碳排放后向关联，而是仅有某些省份具有较其他省份更高的边际意义的碳排放后向关联。

总体来看，建筑业（S24）对于我国碳排放的增加有着较大贡献，这是由于建筑业（S24）产业链条长，对上游的建材、装饰、设备制造等产业需求量大。作为我国现阶段的支柱产业，建筑业（S24）需要实现自身的优化，通过提高自身技术含量，以科技化、信息化促进现代化，从当前的粗放增长模式向集约化过渡，由物质资本拉动转向技术拉动。

2. 电力、热力的生产和供应业

一般研究认为电力、热力的生产和供应业（S22）是中国最大的碳排放源。然而，通过对各省的电力、热力的生产和供应业（S22）的碳排放关联性质进行对比可以发现，该产业在不同省份的边际意义的前向碳排放关联具有较大差异，例如，宁夏的边际意义的前向碳排放关联（27.15 万吨/万元）是北京（3.35 万吨/万元）的 8.1 倍（图 4-5）。

类似地，通过比较电力、热力的生产和供应业（S22）在各个省份绝对意义的前向碳排放关联，发现各省之间的差距更大。其中，内蒙古（641.18 百万吨）为海南（15.36 百万吨）的 41.74 倍（图 4-6）。因此，对于同一个产业，针对各省进行分别研究，能够更为精确地识别具体的碳减排重点部门。

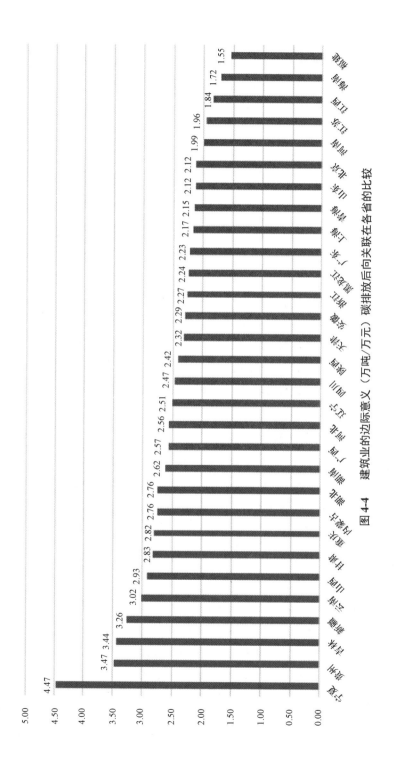

图 4-4　建筑业的边际意义（万吨/万元）碳排放后向关联在各省的比较

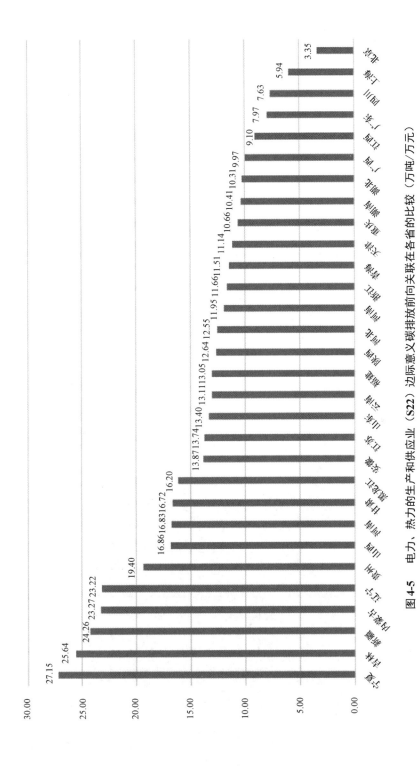

图 4-5 电力、热力的生产和供应业（S22）边际意义碳排放前向关联在各省的比较（万吨/万元）

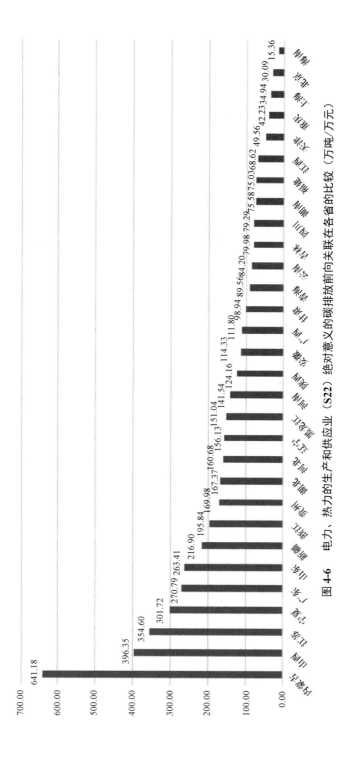

图 4-6　电力、热力的生产和供应业（S22）绝对意义的碳排放前向关联在各省的比较（万吨/万元）

总体来说，具有基础性地位的电力、热力的生产和供应业(S22)在我国碳排放体系中有着重要的地位，对工业尤其是重工业有很强的前向关联作用，因此非常有必要针对该行业采取碳减排措施。提升其自身碳减排技术，例如水泥行业纯低温余热发电、钢铁行业高炉差发电、低热值煤气发电等技术的广泛推广使用从而降低此行业的能耗排放量；另外，改变发电所需能源的消费结构，例如目前我国使用的火电机组主要是燃煤发电机组，可以增加例如地热能、水能、风能及核能等非传统能源在电力生产中的应用，以对煤电进行替代，通过改变电力行业的能源消费结构可以有效减少我国 CO_2 排放量。

正如本书的研究结果显示，同一产业在不同省份具有不同的碳排放关联特征，例如，并非所有电力、热力的生产和供应业(S22)或建筑业(S24)的碳关联在各省都表现出一致，甚至在各省间表现出较大的差异。因此，相对于其他研究在筛选重点产业时，仅仅在全国层面对产业整体进行判别，或仅仅在一个省内部找到有利于本省碳减排的重点部门，本书中运用 MRIO 模型，考虑了各个省的各个部门，能够更精确地在省级层面，识别出有利于全国整体碳减排的具体各省的"重点部门"。

下面的研究将以我国各个地区的具体产业为研究对象，对其经济关联和碳排放关联进行对比研究，并基于这两种关联识别全国碳减排目标下的重点产业。

二、后向碳排放关联

1. 边际意义测度

从后向关联来看，边际意义的碳排放关联(即每增加一单位最终使用，拉动全国碳排放增加最大的行业)全国排名前十的行业主要是部分省份的电力、热力的生产和供应业(S22)。比较全国各省各个行业的后向碳排放关联边际值，可以发现位于前列的是吉林(29.87 吨/元)、宁夏(26.32 吨/元)、新疆(24.34吨/元)及辽宁(23.06 吨/元)的电力、热力的生产和供应业(S22)。与现有研究所不同的是，本书不仅识别出电力、热力的生产和供应业(S22)具有较大碳排放后向关联，还进一步对具体省份的该行业排名状况进行分析，另外发现全国排名靠前的不仅仅包括某些省份的电力、热力的生产和供应业（S22），青海的石油加工、炼焦及核燃料加工业（S11）也位列前十，其主要通过后向关联驱动青海的交通运输及仓储业（S25）排放二氧化碳。精确到省级层面的产业分析是本书与现有研究的不同之处（图 4-7）。

2. 绝对规模的后向碳排放关联

从后向关联来看，绝对规模的碳排放关联排名前十的行业绝大多数为部分省份的建筑业（S24），该结果与其他研究类似。但是，区别于其他研究的是，本书结果还发现，并非所有省份的建筑业（S24）都排名靠前，山东（170.31 百万吨）、广东（160.82 百万吨）及江苏（142.08 百万吨）的关联高于其他省份的该产业。另外，本书发现除了建筑业（S24）之外，河北的电力、热力的生产和供应业（S22）同样位居前列（图 4-7）。

尽管从绝对意义的碳排放关联的角度看，位居前列的部门多为部分省份的建筑业（S24），例如山东的建筑业（S24）位列首位，但是具有较大的绝对意义的碳排放后向关联的还有河南的石油加工、炼焦及核燃料加工业（S11）等。对于山东的建筑业（S24），当从边际意义的后向碳排放关联看，其在全国所有部门中排名却为第 278 位。这是由于当用绝对意义的碳排放关联测度时，会放大那些具有较大最终需求规模的产业的碳关联程度。同样地，就边际意义的后向碳排放关联而言，最大的部门是电力、热力的生产和供应业（S22），如吉林的该部门位居首位，若以此衡量部门的碳排放影响，则该部门应受到重视。但从绝对关联上看，该部门由于最终需求的规模较小，仅位列全国第 81 位。正如本书的结果所示，各个部门的边际关联与绝对关联有较大差别。因此，与现有研究只关注边际意义的碳排放关联或只关注绝对意义的碳排放关联不同，本书结合了两种关联进行分析，不仅衡量各个部门的经济关联及碳排放关联相对值大小，还展现了各部门实际的绝对经济规模以及各部门碳排放量，将各个部门的边际属性和绝对属性进行综合分析，更能对产业的性质进行更全面的识别。

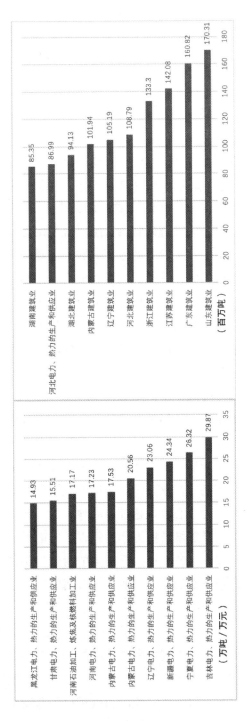

图 4-7　基于边际意义和绝对规模的后向碳排放关联（前十）

3. 后向关联的重点碳减排产业筛选

在省级层面筛选有利于全国整体减排的重点产业，有助于全国的产业结构优化调整。本书在筛选过程中，统筹兼顾产业的经济关联与碳排放关联，可以对重点产业进行更精确的识别，以实施差异化的产业政策，从而达到调结构与保增长的双赢目标。

本书对后向关联的重点碳减排产业筛选的方式是，首先从全国 30 个省 27 个行业筛选边际意义的碳排放关联强、绝对规模的碳排放关联强的产业；其次从这些产业中进行二次筛选，对边际意义的经济关联弱、绝对规模的经济关联弱的产业进行识别。由于各个产业的经济关联和碳排放关联存在差异，加大对碳排放关联强、经济关联弱的产业的整治，有助于在降低碳排放的同时不导致经济增长率的大幅下降。

将后向的边际意义的经济与碳排放关联值、绝对规模的经济与碳排放关联值，除以各个指标的全国平均值进行归一化处理，得到各个相对于全国平均水平的系数，然后利用四象限分析法进行筛选：①以绝对规模的后向碳排放关联系数为纵坐标，以 1 为中心点，超过 1 的地区为高碳排放潜力产业，反之则为低碳排放潜力产业；以边际意义的后向碳排放关联系数为横坐标，以 1 为临界点，低于 1 的为低碳排放能力产业，反之则为高碳排放能力产业。②以后向的经济绝对规模关联系数为纵坐标，以 1 为中心点，超过 1 的地区为高经济增长潜力产业，反之则为低经济增长潜力产业；以后向的经济边际关联系数为横坐标，以 1 为临界点，低于 1 的为低经济增长能力产业，反之则为高经济增长能力产业。经过两轮筛选后，可以得到后向关联的重点减排产业。

本部分分析和计算了全国 30 个省市 27 类行业的后向关联系数，并从中识别出后向关联的重点部门，这些识别出来的重点部门生产的微小变化，将会导致全国碳排放总量的较大改变。根据所有部门的后向经济和碳排放关联特征，本书将重点产业分成了两类：重点减排部门和优先发展部门。其中重点减排部门是碳排放关联强、经济关联弱的产业，优先发展部门是碳排放关联弱、经济关联强的产业（表4-1）。

表4-1　重点减排部门及优先发展部门（后向关联）

后向重点减排部门		后向优先发展部门	
地区	部门	地区	部门
山西	电力、热力的生产和供应业	黑龙江	食品制造及烟草加工业
内蒙古	电力、热力的生产和供应业	江苏	纺织服装鞋帽皮革羽绒及其制品业
辽宁	交通运输及仓储业	浙江	食品制造及烟草加工业
黑龙江	电力、热力的生产和供应业	浙江	纺织服装鞋帽皮革羽绒及其制品业
湖北	电力、热力的生产和供应业	福建	纺织服装鞋帽皮革羽绒及其制品业
广西	电力、热力的生产和供应业	广西	交通运输设备制造业
重庆	电力、热力的生产和供应业	福建	交通运输设备制造业
贵州	电力、热力的生产和供应业	山东	纺织服装鞋帽皮革羽绒及其制品业
陕西	电力、热力的生产和供应业	河南	纺织服装鞋帽皮革羽绒及其制品业
新疆	电力、热力的生产和供应业	河南	木材加工及家具制造业

综合来看，后向关联重点减排部门多为部分省份的电力、热力的生产和供应业（S22），这是由于作为基础性能源部门的电力、热力的生产和供应业（S22）对其他产业的需求大，不仅使本身的碳排放增长，还通过后向碳排放关联拉动煤炭开采和洗选业（S2）产生大量碳排放。这与我国尤其是中西部地区以煤炭能源为主的能源利用结构有关，需要调整能源利用结构，大力发展清洁能源和新能源来降低能源消费引起的碳排放量，例如地热能、潮汐能、太阳能等。值得注意的是，除了一般认为的电力、热力的生产和供应业（S22）以外，辽宁的交通运输及仓储业（S25）也是重点碳减排部门。对于辽宁而言，如果其产业结构的调整仅仅根据各部门的直接碳排放量为标准，那么仅仅从辽宁省内部选取重点碳减排产业，应该选的是直接碳排放总量最大的电力、热力的生产和供应业（S22）（直接碳排放183.77万吨）和金属冶炼及压延加工业（S14）（直接碳排放124.59万吨）。但当考虑到全国产业之间的经济与碳排放关联

关系时，从全国整体碳减排且兼顾经济发展的角度来看，却应该选取辽宁的交通运输及仓储业(S25)进行重点治理，虽然其直接碳排放总量仅为 30.28 万吨。这是由于从全国的产业关联来看，辽宁的交通运输及仓储业(S25)的后向绝对碳排放关联为 831.39 万吨(高于全国均值 809.06 万吨)，后向边际碳排放关联为 2.51 万吨(高于全国均值 2.50 万吨)；而后向绝对经济关联为 771.74 万元(低于全国均值 1 235.20 万元)，后向边际经济关联为 2.32 万元(低于全国均值 2.45 万元)。可见，辽宁的交通运输及仓储业(S25)的后向碳排放关联均大于全国平均值，而后向经济关联均小于全国平均值，即这个产业对全国碳排放增加的推动作用相对于全国其他产业较大，而对全国经济产出增加的推动作用却相对于全国其他产业较小，因此从全国层面来看，是需要重点进行控制的产业。

对于产业结构调整，需要从全国一盘棋的视角，从碳减排和经济效益的边际能力和绝对潜力进行综合研究，为我国实现 2030 年碳总量峰值目标提供更为精确的研究支撑。前述结果是筛选的重点减排产业，接下来以边际意义和绝对规模的碳排放关联系数小于 1，边际意义和绝对规模的经济关联系数大于 1，筛选出既低碳又有经济效益的鼓励发展产业。尤其对于我国西部等落后地区，由于面临经济发展的问题，在碳减排的约束要求下，国家应该对发展经济效益好的产业进行优先扶持。

对于优先发展部门，其边际意义的碳排放关联(碳减排能力)及绝对意义的碳排放关联(碳减排潜力)低于全国平均水平，但边际意义的经济关联(经济发展能力)及绝对意义的碳排放关联(经济发展潜力)高于全国平均水平。本书应该支持此类部门的发展，因为它们能够在经济关联的带动下更多地促进全国的经济发展，并且由于碳排放关联所带动的全国碳排放较少，所以更有利于低碳经济的发展。可以发现，优先发展部门大部分是分布在我国东部沿海的工业部门，包括黑龙江的食品制造及烟草加工业(S6)和江苏、浙江、福建及河南的纺织服装鞋帽皮革羽绒及其制品业(S8)。在全国层面，这些产业能够在保证低碳的同时促进经济的发展，是我国发展中应该重点扶持的产业。

三、前向碳排放关联

1. 边际意义的前向碳排放关联

从前向关联来看，边际意义的碳排放关联排名前十的行业多为部分省份的电力、热力的生产和供应业（S22）。其中，边际意义的碳排放前向关联排名靠前的部门为宁夏的电力、热力的生产和供应业（S22）（27.15 吨/元）、吉林的电力、热力的生产和供应业（S22）（25.64 吨/元）和新疆的电力、热力的生产和供应业（S22）（24.26 吨/元）。另外，青海的石油加工、炼焦及核燃料加工业（S11）（18.21 吨/元）以及新疆的煤炭洗选业（S2）（17.54 吨/元）同样位居前十。这些部门向其他部门提供了大量的中间产品，因此，通过前向的碳排放关联极大地促进了下游部门的碳排放总量的增加（图 4-8）。

2. 绝对规模的前向碳排放关联

从前向关联来看，绝对规模的碳排放关联排名前十的行业也多为各省的电力、热力的生产和供应业（S22），如内蒙古、山西、江苏等。排名前几位的部门为内蒙古的电力、热力的生产和供应业（S22）（641.18 百万吨）、山西的电力、热力的生产和供应业（S22）（396.35 百万吨）及江苏的电力、热力的生产和供应业（S22）（354.6 百万吨）。值得注意的是，所有部门中排名第一的确是河北的金属冶炼及压延加工业（S14）（673.29 百万吨），该部门为河北的金属制品业（S15）、电气机械及器材制造业（S18）提供了大量初级产品，因此通过前向关联推动了这些部门碳排放的增加。另外，除了电力、热力的生产和供应业（S22）之外，山西及辽宁的金属冶炼及压延加工业（S14）同样位居前列（图 4-8）。

3. 前向重点关联产业筛选

如同后向关联，本书首先以边际意义的碳排放关联强、绝对规模的碳排放关联强为标准进行第一次筛选，其次以边际意义的经济关联弱、绝对规模的经济关联弱为原则进行第二次筛选，识别出全国范围内的前向重点碳减排关联产业。同样，以

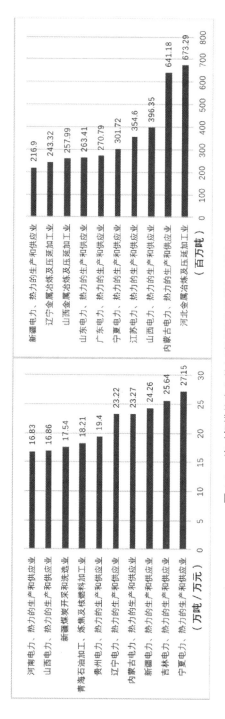

图 4-8　绝对规模的产业前向碳排放关联排名（前十）

满足边际意义的碳排放关联弱、绝对规模的碳排放关联弱，边际意义的经济关联强、绝对规模的经济关联强为原则，识别出若干前向优先发展关联产业，如表 4-2 所示。

表 4-2 重点减排部门和优先发展部门(前向关联)

前向重点减排部门		前向优先发展部门	
地区	部门	地区	部门
河北	非金属矿及其他矿采选业	河北	批发零售及餐饮业
内蒙古	金属冶炼及压延加工业	辽宁	农林牧渔业
上海	电力、热力的生产和供应业	吉林	农林牧渔业
浙江	非金属矿物制品业	上海	食品制造及烟草加工业
广西	交通运输设备制造业	江苏	纺织业
宁夏	非金属矿物制品业	浙江	批发零售及餐饮业
宁夏	金属冶炼及压延加工业	浙江	纺织业
宁夏	交通运输设备制造业	江西	批发零售及餐饮业
新疆	非金属矿物制品业	河南	食品制造及烟草加工业
新疆	金属冶炼及压延加工业	河南	纺织业
新疆	电力、热力的生产和供应业	陕西	批发零售及餐饮业
新疆	交通运输设备制造业	天津	批发零售及餐饮业

从前向关联来看，内蒙古的金属冶炼及压延加工业(S14)、河北的非金属矿物制品业(S13)以及上海的电力、热力的生产和供应业(S22)为重点碳减排部门。这几个产业均是处于生产链上游的能源供应部门，为其下游部门的生产提供基础能源，与其余产业联系密切，是从产业链上游来看的重点碳减排部门。这些重点碳减排部门通过部门间的经济和碳排放关联，相比全国其他部门会带来较小的全国经济的增长，却带来全国较大碳排放增加，因此应采取措施减弱此类作为产业链源头的重点减排产业对我国的碳排放的影响。

前向关联的优先发展部门，是指那些边际及绝对意义的碳排放关联小于全国平均水平，但其边际及绝对意义的经济关联高于全国平均水平的部门。这些部门大部分位于我国中部和东部沿海省份，例如河北、辽宁、吉林、上海、四川及陕西的化学工业(S12)，天津、河北及陕西的批发零售及餐饮业(S26)，以及辽宁、吉林及浙江的农林牧渔业(S1)。

通过对碳减排的重点部门进行筛选，政策制定者能够很容易找到促进全国碳减排的具体省份的具体部门。以河北为例，若从省内各产业的直接碳排放总量进行产业结构调整，应该控制的产业是电力、热力的生产和供应业(S22)(直接碳排放220.87万吨)和金属冶炼及压延加工业(S14)(直接碳排放259.61万吨)，而从全国碳减排与经济增长的双重效益来看，应该控制的产业是非金属矿物制品业(S13)(直接碳排放46.45万吨)。另外，基于 MRIO 模型的碳排放关联分析也能够应用于其他国家的行业，以研究各行业在碳减排中的地区差异，并找到产业协调发展及其改进的路径。

第二节　地区间碳排放关联分析

随着我国省际经济贸易活动的加剧，地区间的经济以及碳排放存在更为密切的关联。比如一个地区可能通过输入上游地区的产品和服务使本地区的碳排放降低，也可能通过输出产品和服务给下游地区而增加本地区的碳排放，从而带来地区间碳排放的转移。由于我国地区的产业间的碳排放关联，很有可能因为各个地区的生产要素禀赋、生产结构等方面的差异引起碳排放的转移，从而带来我国整体上碳减排效率低下等问题。因此，全国碳减排问题研究不能仅仅关注某个地区的直接碳排放，更应该注重地区间的碳排放关联。省市作为我国碳减排的基本单元，应该以"共同但有区别的责任"为基本准则，在考虑了地区间关联的基础上，分析地区间的碳排放关联效应，采取针对不同地区的产业结构调整推进策略，进行定向调控和精准调控。这对于国家从总体上把握各个省份的碳排放状况，以及对重点减排省份的控制具有重要意义。

为筛选重点碳减排地区，本书首先分别从后向和前向关联，计算出我国30个省份间的碳排放边际和绝对关联值，并分别除以各自的全国各省平均关联值进行标准化处理。然后，以边际意义碳排放关联系数作为横坐标轴，以 1 为临界点，低于 1 的为低碳减排能力地区，反之则为高碳减排能力地区；以绝对规模碳排放关联系数作为纵坐标轴，以临界点 1 为中心点，低于 1 的地区为低碳减排潜力地区，反之则为高碳减排潜力地区。位于第一象限的地区，碳减排能力和潜力均较强，对碳排放的影响较大，属于重点减排地区；位于第三象限的地区，碳减排能力和潜力均较弱，属于优先发展型地区；第二、四象限内的地区均介于碳排放鼓励型与限制型地区之间。

一、地区间后向碳排放关联

按照各个地区的后向碳排放绝对和边际关联，将全国的 30 个地区划分为四个象限（图 4-9，彩图见二维码）。位于第一象限的地区是 3（河北）、4（山西）、5（内蒙古）、6（辽宁）、7（吉林）、15（山东），属于重点碳减排地区，大多位于我国的西北和华北地区。位于第三象限的地区有 1（北京）、2（天津）、8（黑龙江）、12（安徽）、13（福建）、14（江西）、18（湖南）、20（广西）、21（海南）、22（重庆），属于优先发展地区，大多位于北部沿海、东部沿海、京津地区等。应采取适当措施促使其他位于第二、第四象限的地区向第三象限转移。

彩图 4-9

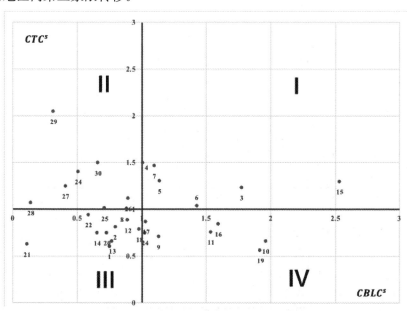

图 4-9　我国后向重点关联地区分区图

二、地区间前向碳排放关联

彩图 4-10

类似地，按照我国各地区的前向碳排放绝对和边际关联，将全国的 30 个地区分为四个象限(图 4-10，彩图见二维码)。位于第三象限的地区包括 1(北京)、2(天津)、7(吉林)、9(上海)、11(浙江)、12(安徽)、13(福建)、14(江西)、20(广西)、21(海南)、22(重庆)、23(四川)，这些地区是优先发展地区，在空间分布上与后向的优先发展地区有所不同，这也说明了需要从前向关联和后向关联分别进行筛选的必要性，对不同类型的地区采取不同的针对性措施。位于第一象限的地区包括 3(河北)、4(山西)、5(内蒙古)、15(山东)、29(宁夏)和 30(新疆)地区，这些地区应作为我国的重点碳减排地区。可以看到，辽宁从后向关联来看应该是优先发展的地区，从前向来看却成为重点减排地区，这也说明需要从前向和后向关联分别挑选重点地区，以从供给端和需求端有的放矢地提出碳减排措施。对于前向的重点减排地区，应从供给侧进行改革，例如采用新工艺、新设备和新技术，淘汰落后产能，技术改造升级等；而对于后向关联的重点碳减排地区，应从改变最终消费的需求结构等方面进行调整。

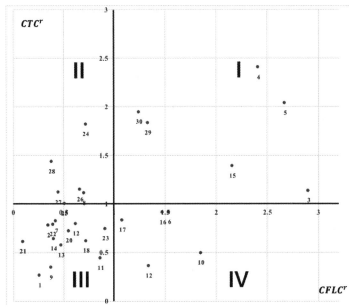

图 4-10　我国前向重点关联地区分区图

综合来看，无论地区间的前向关联还是后向关联，3(河北)、4(山西)、5(内蒙古)、15(山东)都是重点碳减排地区。以河北为例，其作为重点碳减排地区主要归因于煤炭开采和洗选业(S2)、金属冶炼及压延加工业(S14)、非金属矿物制品业(S13)、建筑业(S24)等行业的关联系数较大。

第三节　小结

本章采用地区间投入产出分析方法，通过构建我国不同地区的产业间的经济与碳排放关联模型，运用边际关联与绝对关联效应方法，分别从各地区的产业的需求拉动(基于 Leontief 体系测度的后向关联效应)和供给推动(基于 Ghosh 体系测度的前向关联效应)两个角度，从产业链前端和产业链末端识别了国家层面碳减排目标下的省级层面的重点碳减排部门与重点地区。本书中所采用的方法相比其他方法的不同之处在于，从生产供应链的两端，即前向关联(供给驱动)与后向关联(需求驱动)分别进行筛选而不是结合在一起筛选，在筛选的过程中综合考虑了省际产业间的经济与碳排放关联，还同时考虑基于绝对意义和边际意义的关联值。主要结论如下：

(1)全国层面：我国电力、热力的生产和供应业(S22)为前向碳排放关联的关键部门，建筑业(S24)则是后向碳排放关联的关键部门。但是，当从边际意义的关联与绝对意义的关联两个角度分别来看时，这两个部门在各个省份的碳排放关联值呈现出异质性，这意味着即使是同一个产业，其应该采取的碳减排措施在不同省份也是不同的。

(2)重点产业的识别：从前向关联及后向关联分别选择重点减排部门及优先发展部门。对于后向关联来说，重点减排部门，需要减少其对碳密集型原材料的消费需求，除包括山西、内蒙古的电力、热力的生产和供应业(S22)之外，还有辽宁的交通运输及仓储业(S25)；优先发展部门主要为江苏、浙江、福建和河南的纺织服装鞋帽皮革羽绒及其制品业(S8)，以及黑龙江、浙江的食品制造及烟草加工业(S6)。对于前向关联来说，重点减排部门，需要从供给侧进行改革，调整其产业输出结构、能源结构等，主要包括内蒙古的金属冶炼及压延加工业(S14)，河北的非金属矿物制品业(S13)，以及上海的电力、热力的生产和供应业(S22)；优先发展部门主要为河北、辽宁、吉林、上海、四川和陕西的化学工业(S12)，天津、河北、陕西的批发零售及餐饮业(S26)，辽宁、吉林、浙江的农林牧渔业(S1)。

（3）重点省份的识别：从前向关联与后向关联分别筛选出重点减排省份和优先发展省份。后向关联的重点减排省份应从需求端进行控制，以减少这些省份的最终产品需求拉动上游生产进而对全国二氧化碳排放的增加影响，如辽宁、吉林等。前向关联的重点减排省份应调整其供应端的产业结构以减少二氧化碳排放，如宁夏、新疆等。研究发现，河北、山西、内蒙古及山东是前向及后向关联的双向减排重点省份，对于这些省份，应采取针对供应端及需求端的两种措施双管齐下，共同减排。综合的优先发展省份大部分为东部省份，如北京、天津、福建等。

第五章 我国省际贸易中的隐含碳转移与碳泄漏

本章基于我国地区之间的碳排放关联，对我国 2002—2007 年和 2007—2012 年的"六大区"和省际贸易隐含碳的空间流动特征及变化状况进行分析；由于省际碳泄漏的客观存在，将对各省碳减排强度目标的实现产生影响，因此本章从碳泄漏视角对我国现有省级二氧化碳强度减排目标的实现情况进行重新审视，并与之进行对比分析，以期为我国省级二氧化碳强度减排目标评估提供参考。

第一节 贸易隐含碳转移分析

一、区域间贸易隐含碳转移情况分析

从 2002 到 2012 年，中国的碳排放总量增长了 55.99 亿吨，其中 44.33% 的碳排放（24.82 亿吨）隐含在省际贸易当中，意味着由于各个省份经济间的密切关联，区域间贸易引起的隐含碳排放不容忽视。在区域层面，2002 年隐含碳排放主要从我国华北地区、西南地区、东北地区和中南地区向东部沿海地区转移；2007 年主要从华北地区、西南地区、西北地区、东北地区以及中南地区向东部沿海地区转移；而在 2012 年，隐含碳排放从华北地区以及东北地区向西南地区、中南地区、华东地区转移，之后再向东部沿海地区转移（表 5-1）。研究结果说明我国的西部地区、北部地区和西北地区为了满足东部沿海地区和中南地区的消费需要，通过增加自身的碳排放和环境资源的使用，来为

这些地区提供产品。对于我国的隐含碳排放从较为贫困地区向较为富裕的地区转移的研究结果也被 Feng 等（2013）论证过，其定义区域间的碳转移现象为碳泄漏，将碳减排效率的损失归因于发达地区的隐含碳净流入行为，这最终将导致贫困地区难以达到碳减排目标。

从时间段来看，2002—2007 年我国的隐含碳总体上是从东部沿海地区向中部和西部地区转移。然而在 2007—2012 年我国隐含碳的流向开始发生变化。对于东部沿海地区来说，在 2007 年和 2012 年分别从其他地区净流入了 304.35 万吨和 124.93 万吨的隐含碳排放。这表明东部地区对中西部地区净流入的隐含碳总量开始呈现减少的趋势，这和 Guo（2012）的研究结论一致（表 5-1）。这一转变主要源于我国不同区域之间经济增长模式带来的生产模式和消费模式的转变。第一，从 2007 年到 2012 年，我国各省基于消费的隐含碳排放中从外省流入的比例下降；第二，净流入我国东部沿海地区的隐含碳总量开始下降，从 2007 年到 2012 年，东部沿海地区净流入的隐含碳下降了 66%，其中流入东部沿海地区的隐含碳下降了 8%，主要源于其生产和消费结构的变化，而流出东部沿海地区的隐含碳上升了 63%，主要源于消费结构以及消费水平的变化；第三，欠发达的西南地区和西北地区从 2002 和 2007 年的隐含碳净流出者转变为隐含碳的净流入者，其中西南地区 2002 和 2007 年分别向其他地区净流出 3 106 万吨和 2 788 万吨隐含碳，在 2012 年转变成为隐含碳的净流入者，净流入的隐含碳为 4 476 万吨，这主要源于这些地区消费水平的快速增长。

总体来看，我国省际贸易中隐含碳的巨大差异实际上是各省经济发展水平差异的体现。一般来讲，我国的隐含碳是从我国欠发达的西部和中部地区流向经济较为发达的东部沿海地区。对于经济较为发达的地区，主要从经济欠发达的地区进口低附加值且高碳排放强度的产品，而出口高经济附加值且低碳排放强度的产品，即通过欠发达的中西部地区的生产满足了发达的东部地区的消费需求。而在 2007—2012 年我国国内贸易中隐含碳的流向变化主要源于地区间经济增长模式的变化，具体来说是我国西部地区消费总量的增长和生产结构的变化，并且随着我国西部地区经济的快速增长，我国东部地区向西部地区流入的隐含碳总量会进一步降低。近年来，我国采取了许多优惠政策来促进西部省份的经济发展，从而平衡省际经济发展水平，同时缩小东西部差距。比如西部大开发已经进入第二阶段（2010—2030 年），期间将会有更多的投资投入基础设施的建设和自然资源的开发，西部省份将会有更高的经济增长率，因此，西部省份的人均消费水平和 GDP 增长率都会比东部省份更高。正是由于西部地区工业产品消费量的快速增长，以及工业产品消费结构的变化，西部地区向东部地区的隐含碳净转移量得以下降。

表 5-1　我国区域间隐含碳净流入分析(百万吨)

地区	2002 年			2007 年			2012 年		
	流入	流出	净流入	流入	流出	净流入	流入	流出	净流入
华北地区	500.06	627.42	−127.36	926.04	1 189.78	−263.74	1 520.21	1 879.03	−358.82
东北地区	320.51	356.70	−36.19	689.13	676.47	12.66	928.63	916.24	12.39
东部沿海地区	905.82	787.81	118.01	1 797.10	1 492.76	304.35	2 423.93	2 299.00	124.93
中南地区	613.56	567.56	45.99	1 074.84	1 096.70	−21.87	1 887.97	1 673.40	214.57
西南地区	303.70	334.76	−31.06	484.74	512.62	−27.88	958.12	913.35	44.76
西北地区	241.62	211.02	30.61	388.21	391.72	−3.52	766.22	804.05	−37.83

注：中国的六大区域包括东北地区(黑龙江、吉林、辽宁)、华北地区(北京、天津、河北、山西和内蒙古)、西北地区(陕西、青海、甘肃、宁夏和新疆)、东部沿海地区(上海、浙江、江苏、福建、安徽、江西和山东)、中南地区(广东、湖南、湖北、河南、广西和海南)，以及西南地区(四川、重庆、贵州和云南)

二、省际贸易隐含碳转移情况分析

在贸易隐含碳的核算框架下，对于一个地区而言：①基于生产的碳排放量：表示由于本地消费而引起的本地生产产生的碳排放量，与由于其他地区消费本地产品而产生的碳排放量之和；②基于消费的碳排放量：表示由于本地消费而引起的本地生产产生的碳排放量，与本地消费引起的外地生产而产生的碳排放量之和；③净流入的贸易隐含碳：为本地消费引起的外地生产而产生的碳排放量与由于其他地区消费本地产品而产生的碳排放量之差。

表 5-2 显示了 2002—2012 年我国各地区基于消费的二氧化碳排放情况。同时，表中也列出了各地区基于生产的二氧化碳排放量[①]以进行对比分析，可以发现：

首先，各地区基于消费的排放量明显不同于基于生产的排放量。以北京为例，其 2002 年的生产性碳排放是 79.74 百万吨，而消费性碳排放却高达 113.32 百万吨，即北京通过省际贸易将 33.58 百万吨二氧化碳转移到了其他地区。另外，天津、上海、江苏、浙江等也呈现了类似现象。相反地，对于山西、内蒙古等地区而言，其基于生产的排放量远高于基于消费的排放量。譬如 2012 年，内蒙古基于生产的二氧化碳排放量为 549.83 百万吨，而其基于消费的碳排放仅为 320.67 百万吨。

其次，分析 2002 年、2007 年和 2012 年各省隐含碳净流入情况。可以看到，北京、天津、上海、浙江等发达省份呈现净流入其他地区隐含碳的情况，且 2012 年隐含碳净流入量大于 2002 年。然而，对于河北、山西、内蒙古、辽宁等欠发达省份，呈现净流出隐含碳至其他地区的情况，且 2012 年净流出隐含碳量增大。研究结果表示，从基于生产的角度来看，我国东部地区的碳排放有所降低，但是从消费者角度来看其碳排放并未降低。说明东部地区在研究期间通过使用其他地区的产品从而满足本地消费的方式，向外转移了本地本应该在生产中产生的碳排放。

表 5-2　我国各省的二氧化碳隐含碳净流入(百万吨)

省市	2002 年			2007 年			2012 年		
	基于消费	基于生产	净流入	基于消费	基于生产	净流入	基于消费	基于生产	净流入
北京	113.32	79.74	33.58	147.43	68.49	78.93	159.93	78.34	81.60

---

① 基于生产和基于消费的碳排放，均不包括进出口产品中的隐含碳排放。

续表

省市	2002 年			2007 年			2012 年		
	基于消费	基于生产	净流入	基于消费	基于生产	净流入	基于消费	基于生产	净流入
天津	53.91	47.40	6.51	146.10	82.43	63.67	197.14	129.85	67.29
河北	167.62	233.63	−66.00	353.88	481.81	−127.93	522.87	669.18	−146.30
山西	115.69	166.74	−51.04	158.89	269.01	−110.13	319.59	451.83	−132.24
内蒙古	49.51	99.91	−50.40	119.74	288.03	−168.29	320.67	549.83	−229.16
辽宁	136.16	161.78	−25.62	252.81	313.27	−60.47	391.75	436.34	−44.59
吉林	80.22	91.77	−11.55	245.72	187.23	58.49	242.20	217.42	24.78
黑龙江	104.13	103.15	0.97	190.60	175.96	14.64	294.68	262.49	32.19
上海	86.98	77.00	9.98	217.67	100.50	117.16	166.44	142.81	23.63
江苏	198.37	170.99	27.38	329.89	318.79	11.11	531.88	526.43	5.45
浙江	159.04	120.79	38.25	350.63	219.10	131.53	366.72	286.45	80.28
安徽	83.58	99.11	−15.53	155.76	159.55	−3.78	245.94	312.17	−66.23
福建	60.34	48.51	11.83	118.69	98.51	20.18	166.95	176.47	−9.52
江西	55.90	53.96	1.94	156.25	105.97	50.28	175.77	154.87	20.91
山东	261.62	217.46	44.16	468.21	490.35	−22.14	770.23	699.81	70.41
河南	148.57	160.91	−12.34	240.48	340.36	−99.88	487.81	495.53	−7.72
湖北	129.24	136.84	−7.59	178.45	198.15	−19.70	386.05	355.50	30.55
湖南	83.29	82.00	1.29	181.66	188.43	−6.77	315.00	280.61	34.39
广东	173.90	130.54	43.37	352.80	249.05	103.75	430.37	308.52	121.85
广西	69.20	55.89	13.31	104.33	103.68	0.65	222.29	197.36	24.93
海南	9.36	1.39	7.97	17.13	17.04	0.09	46.44	35.87	10.57
重庆	62.07	85.59	−23.52	102.80	86.42	16.38	219.88	171.78	48.09
四川	115.59	109.52	6.07	187.55	176.81	10.74	333.17	306.50	26.67
贵州	45.79	64.28	−18.50	90.43	129.56	−39.13	170.06	223.79	−53.73
云南	80.26	75.37	4.89	103.97	119.84	−15.87	235.01	211.28	23.73
陕西	77.75	73.43	4.31	135.77	134.95	0.82	278.23	238.79	39.44

续表

省市	2002 年			2007 年			2012 年		
	基于消费	基于生产	净流入	基于消费	基于生产	净流入	基于消费	基于生产	净流入
甘肃	46.77	80.04	−33.27	68.41	74.68	−6.27	126.83	145.16	−18.33
青海	46.77	5.39	41.38	27.47	20.99	6.49	48.08	42.10	5.98
宁夏	19.42	0.24	19.19	44.19	54.41	−10.22	83.39	135.84	−52.45
新疆	50.91	51.92	−1.01	112.36	106.69	5.67	229.69	242.15	−12.46

注：国内最终需求去除了国际进出口的贸易量

本书按照指标 O^s 将 30 个省分为两组：在省际贸易中，隐含碳排放净流出的省份是隐含碳排放的调出者，而隐含碳排放净流入的省份是隐含碳排放的调入者（表 5-2）。在 2002 年、2007 年和 2012 年，分别有 18、17、19 个省份是隐含碳排放的调入者，而有 12、13、11 个省份是隐含碳排放的调出者。

隐含碳净流入的地区是北京、天津、上海、江苏、浙江、广东和海南等相对发达的地区，其所净流入隐含碳最多，且2012 年流入的隐含碳比 2002 年和 2007 年更多。隐含碳净流出的地区是山西、内蒙古、河北、辽宁、河南以及湖北等相对欠发达的地区，其净流出的隐含碳最多，且在 2012 年被转移的碳排放量比 2002 年和 2007 年更多。这表明对于发达地区来说，虽然基于生产的碳排放量减少，但是这一结果在一定程度上是由于通过省际贸易，消耗其他省份的最终产品而减少了自身生产的碳排放，因此，我国发达地区基于消费的碳排放量并没有减少。换言之，较为发达的省份将高附加值、低碳排放强度的产品销售到欠发达的省份；与此同时，将低附加值、高碳排放强度的产业转移到欠发达的中西部省份，而通过输入欠发达的中西部地区的高碳密度产品得以支持本地消费，从而将碳排放转移给了欠发达的省份。

三、典型净流入和净流出贸易隐含碳省份分析

进一步选取隐含碳省际流出规模最大的六个省份（河北、内

蒙古、河南、山东、江苏和山西)和流入规模最大的六个省市
(广东、江苏、浙江、河北、上海、山东)为例进行分析。表5-3
显示了2010年六个主要隐含碳流出省份的具体调出目的地，揭
示了这些省份在省际贸易中为哪些地区承受了隐含碳排放的转
移。可以发现：

河北流出隐含碳排放量共308.11百万吨，为全国流出隐含
碳最大的省份。其中分别流出至江苏、浙江、北京、山东和河
南31.60百万吨、28.23百万吨、27.11百万吨、21.19百万吨
和20.72百万吨。以上五个省市占河北隐含碳流出总量
的41.82%。

内蒙古流出隐含碳排放量共238.34百万吨，位于河北之
后。其主要向周边的北京、河北及周边地区调出隐含碳。其中，
向北京、河北分别流出隐含碳17.21百万吨和20.64百万吨，
向吉林、辽宁、山东分别流出44.34百万吨、15.97百万吨和
26.95百万吨。以上五个省市占内蒙古省际隐含碳流出总量的
52.49%。这反映了内蒙古主要是为京津冀环渤海地区服务，将
产品流出的同时却将碳排放留在了本地。

河南则主要流出给江苏、浙江这两大地区，其次为云南、
河北和山东地区，这五个省市占河南隐含碳流出总量的
41.29%。山东的省际贸易隐含碳主要流向河北、上海、江苏、
河南和吉林地区，这五个省市占山东省际调出隐含碳的
42.42%。江苏的流出对象主要是周边的上海、浙江和安徽等地
区，其次是河南和河北，调出至这五个地区的隐含碳量占江苏
流出隐含碳总量的41.30%。山西的隐含碳流出地比较广泛，
除对北京、河北、山东周边地区流出量较大外，对江苏、广东
等省份的流出量也较多，其为全国各省消费做出了碳排放的贡
献。整体而言，这些省份省际贸易中隐含碳主要流向了长三角、
环渤海及广东等沿海地区。

表5-3　六大隐含碳流出省市　　　　　　　　　　(单位：百万吨)

地区	河北	山西	内蒙古	江苏	山东	河南
北京	27.11	10.96	17.21	5.73	6.04	4.95

续表

地区	河北	山西	内蒙古	江苏	山东	河南
天津	17.42	7.99	15.39	6.17	10.21	8.00
河北	0.00	24.62	20.64	11.20	17.95	17.52
山西	8.42	0.00	4.49	3.75	4.87	3.57
内蒙古	14.23	4.15	0.00	7.34	7.88	7.56
辽宁	17.35	4.05	15.97	5.35	7.16	4.33
吉林	13.14	5.66	44.34	3.86	12.04	4.01
黑龙江	10.17	3.02	11.22	4.65	6.61	3.23
上海	15.50	6.83	9.49	13.71	17.41	15.54
江苏	31.60	13.70	12.07	0.00	17.72	22.28
浙江	28.23	9.09	9.07	22.07	8.92	19.18
安徽	12.09	4.09	4.06	10.61	6.25	8.69
福建	5.20	2.22	2.66	3.14	2.87	3.67
江西	2.61	1.64	1.35	5.43	1.74	5.94
山东	21.19	31.14	26.95	6.23	0.00	16.38
河南	20.72	7.79	9.05	13.86	12.20	0.00
湖北	4.73	3.50	2.41	2.85	2.17	8.77
湖南	4.67	2.34	2.22	4.79	3.04	7.66
广东	11.97	12.15	7.29	9.96	7.78	13.25
广西	4.33	2.01	2.35	3.22	3.10	4.60
海南	0.28	0.21	0.25	0.16	0.19	0.26
重庆	3.00	1.23	1.60	1.75	1.47	3.29
四川	5.22	1.77	2.16	3.69	4.02	5.27
贵州	2.64	1.12	1.27	1.73	1.39	2.49
云南	4.17	1.79	2.08	2.70	2.59	2.86
陕西	12.17	4.30	5.78	8.05	9.82	17.95
甘肃	1.79	0.71	1.95	3.25	1.39	2.74
青海	1.15	0.62	0.83	0.71	0.81	0.92
宁夏	2.31	0.88	1.84	1.72	1.63	2.33

续表

地区	河北	山西	内蒙古	江苏	山东	河南
新疆	4.68	1.76	2.35	5.34	3.01	8.70
合计流出	308.11	171.35	238.34	173.04	182.29	225.97
注：西藏、台湾、香港、澳门无数据						

表 5-4 呈现了六大主要隐含碳流入省市的具体流入来源地，反映了六大省份的消费对国内各个省市二氧化碳排放产生的影响。可以发现：

省际隐含碳流入量最大的是广东，主要由河南、湖南、山西、贵州、云南等西南省份调入。江苏的流入量次之，省际隐含碳流入集中在河北、山西、安徽、山东和河南地区，这五个地区占江苏省际隐含碳总流入的 53.30%。浙江的隐含碳流入的省际分布则较为分散，相比而言，河南、河北、江苏、安徽等地对其贡献较大。上海同浙江较为类似，对各省均有一定影响，包括对山东、河南、湖北、河北等地区，以及浙江等周边发达省份。河北和山东的隐含碳则主要由山西、内蒙古、河南等周边省份流入。

表 5-4　六大隐含碳调入省份　　　　　　　（单位：百万吨）

地区	河北	上海	江苏	浙江	山东	广东
北京	1.78	1.80	2.61	1.30	0.71	1.10
天津	4.41	2.67	5.15	3.87	1.78	2.99
河北	0.00	15.50	31.60	28.23	21.19	11.97
山西	24.62	6.83	13.70	9.09	31.14	12.15
内蒙古	20.64	9.49	12.07	9.07	26.95	7.29
辽宁	17.55	3.77	7.85	4.40	4.72	4.54
吉林	5.82	2.53	3.77	1.76	3.98	2.25
黑龙江	4.99	3.06	4.13	3.44	10.84	4.17
上海	3.45	0.00	3.76	2.35	1.90	3.52
江苏	11.20	13.71	0.00	22.07	6.23	9.96

地区	河北	上海	江苏	浙江	山东	广东
浙江	3.33	16.94	5.91	0.00	11.49	8.67
安徽	4.03	9.65	24.53	11.30	3.02	4.13
福建	1.33	2.63	2.57	2.75	0.53	5.78
江西	0.98	3.87	3.01	5.16	0.65	6.70
山东	17.95	17.41	17.72	8.92	0.00	7.78
河南	17.52	15.54	22.28	19.18	16.38	13.25
湖北	2.39	14.67	3.85	3.27	7.83	7.04
湖南	3.82	3.09	3.29	4.98	1.77	13.82
广东	3.59	4.99	6.11	9.73	1.90	0.00
广西	1.35	1.96	2.43	3.64	0.96	12.14
海南	0.43	0.21	0.38	0.38	0.10	1.16
重庆	2.25	1.13	1.56	0.96	1.06	8.05
四川	3.85	2.60	3.46	3.54	5.05	9.81
贵州	2.62	2.85	3.67	4.26	1.53	15.09
云南	1.31	1.99	2.37	4.00	1.03	19.92
陕西	5.37	5.02	8.08	6.03	2.33	7.46
甘肃	2.80	2.34	4.14	5.02	1.16	2.35
青海	0.53	0.54	0.78	0.90	0.55	1.17
宁夏	4.29	1.20	2.07	1.47	1.09	1.21
新疆	2.97	2.45	3.23	2.75	1.72	2.54
合计调入	177.17	170.44	206.08	183.83	169.61	208.00

注：西藏、台湾、香港、澳门无数据

整体来说，江苏、浙江和上海，多从周边省份及中部地区输入最终产品供本地消费进而流入贸易隐含碳；而河北和山东则主要从周边资源型省份输入最终产品进而流入贸易隐含碳。

第二节　我国省际贸易中的
隐含碳排放构成状况

对于一个省份来说，其所生产的产品可以同时供给本地和其他省份的消费，因此一个省份基于生产的碳排放的构成可以划分为两个部分：本地消费需求拉动的本地生产而产生的二氧化碳排放和其他省份消费需求拉动的本地生产而产生的二氧化碳排放。在图 5-1、图 5-2 和图 5-3（彩图见二维码）中，蓝色柱的高度表示的是本地消费拉动本地生产而产生的碳排放部分，蓝色柱顶端到绿色圆点之间的高度表示外地消费拉动本地生产而产生的碳排放部分，两者之和也即绿色圆点的高度表示的就是某个省份基于生产的总碳排放。通过以上分析，可以进一步探索一个省份由于生产而排放的二氧化碳的驱动源头。

彩图 5-1

对于各省基于生产的碳排放，在 2002 年，本地最终需求拉动本地生产排放的二氧化碳总计为 18.83 亿吨；其他省份最终需求通过省际贸易拉动本地生产排放的二氧化碳为 10.01 亿吨。在 2007 年，本地最终需求拉动本地生产排放的二氧化碳总计为 29.40 亿吨；其他省份最终需求通过省际贸易拉动本地生产排放的二氧化碳为 24.20 亿吨。在 2012 年，本地最终需求拉动本地生产排放的二氧化碳和其他省份最终需求通过省际贸易拉动本地生产排放的二氧化碳分别增长至 50.01 和 34.85 亿吨。特别地，在 2002 年、2007 年和 2012 年，对于经济较为落后的省份，流出的隐含碳排放中，其他省份最终需求通过省际贸易拉动本地生产排放的二氧化碳流出比例相对于其他省份较高，例如河北、山西、内蒙古、辽宁、安徽、河南、甘肃以及宁夏（见图 5-1、图 5-2、图 5-3 或相应的二维码中彩图）。这表明经济较为发达的省份通过消费其他省份的产品和服务等，将二氧化碳排放进行转移，从而导致这些欠发达省份的基于生产的二氧化碳排放量增加。

彩图 5-2

同样地，从消费的角度来看，一个省份消费的产品也可以

彩图 5-3

划分为由本省和其他省份生产的。因此，一个省份基于消费的二氧化碳排放的构成可以分解为两个部分：本地消费需求拉动的本地生产而产生二氧化碳排放和本地消费需求拉动的外地生产而产生的二氧化碳排放。在图 5-1、图 5-2 和图 5-3(彩图见二维码)中，蓝色柱的高度表示的是本地消费需求拉动的本地生产而产生二氧化碳排放的部分，红色柱的高度表示本地消费需求拉动的外地生产而产生的二氧化碳排放的部分，两者之和也即红色柱顶端的高度表示的就是某个省份基于消费的总碳排放。可以看到，在研究年份当中，对于发达省份来说，比如北京、天津、江苏、浙江、上海、广东和陕西，本地消费需求拉动生产而产生二氧化碳排放源于其他省份的占比更大，这表明这些省份倾向于消费其他地区的产品而将二氧化碳排放转移给其他省份。

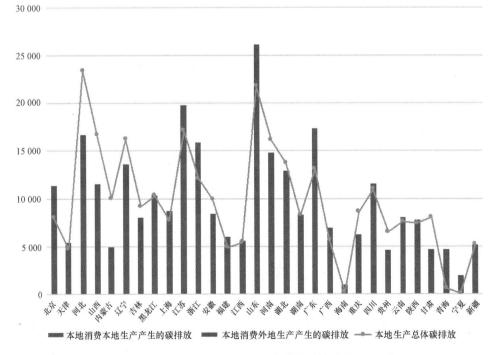

图 5-1　2002 年省际贸易中贸易隐含碳的结构分析(百万吨)

注：一个省份基于消费的二氧化碳排放是本地消费拉动的本地生产和外省生产过程中排放的二氧化碳之和；一个省份基于生产的二氧化碳排放是本省消费拉动本地生产和外省消费拉动本地生产而产生的碳排放之和。

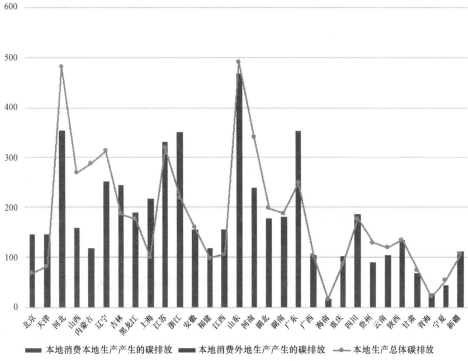

图 5-2　2007 年省际贸易中隐含碳的结构分析(百万吨)

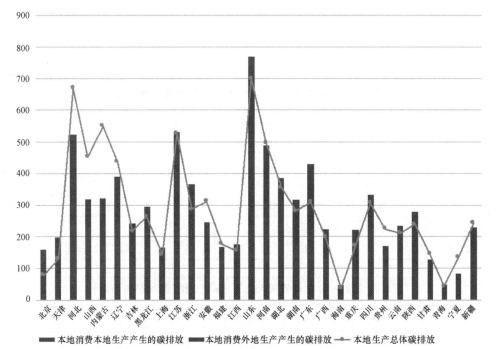

图 5-3　2012 年省际贸易中隐含碳的结构分析(百万吨)

从图 5-1、图 5-2 和图 5-3（彩图见二维码）中可以看出，2002 年和 2007 年吉林、福建和宁夏流入的贸易隐含碳高于流出的隐含碳，但这一情况在 2012 年出现了反转，这是因为吉林、福建和宁夏生产结构的变化导致流出的贸易结构及贸易量发生变化。与此相对，在 2002 年和 2007 年，从湖北和河南流出的隐含碳比流入的隐含碳要多，但是这一情况也在 2012 年也出现了反转。对于重庆来说，在 2002 年流出的隐含碳比流入的贸易隐含碳多，但在 2007 年和 2012 年出现了反转，原因在于湖北、河南和重庆最终消费规模的增长变化导致流入的贸易隐含碳增加。

第三节　我国地区间碳泄漏状况分析

由于某一年隐含碳净流入或净流出更多反映了我国地区之间客观存在的，由于资源禀赋、区位优势等造成的"环境占用"现象，而对由于对隐含碳净流入的时序变化研究更能体现碳泄漏的意义，因此本书对我国六大区域在 2002—2007 年和 2007—2012 年期间的碳排放泄漏状况进行分析（见表 5-5、表 5-6）。

表 5-5　2002—2007 年我国六大区域碳排放泄漏路径（百万吨）

地区	华北地区	东北地区	华东地区	中南地区	西南地区	西北地区
华北地区	0	—	—	—	—	—
东北地区	−49.956 238	0	—	—	—	—
华东地区	−83.686 271	8.368 455 63	0	—	—	—
中南地区	1.023 338 3	−1.780 291 3	83.079 227 5	0	—	—
西南地区	−13.353 768	−6.296 323 3	9.833 165 39	21.018 865 1	0	—
西北地区	9.591 358 15	−1.393 539 1	18.107 954 2	−6.560 058 9	14.375 802 1	0

表 5-6　2007—2012 年我国六大区域碳排放泄漏路径（百万吨）

地区	华北地区	东北地区	华东地区	中南地区	西南地区	西北地区
华北地区	0	—	—	—	—	—

地区	华北地区	东北地区	华东地区	中南地区	西南地区	西北地区
东北地区	23.247 6	0	—	—	—	—
华东地区	−5.075 1	20.940 31	0	—	—	—
中南地区	−74.502 7	−4.991 05	−147.172	0	—	—
西南地区	−17.521 4	−2.319 4	−29.741 3	−16.538 8	0	—
西北地区	−21.230 5	9.342 178	13.366 48	26.312 09	6.523 567	0

对于我国的六大区域来说，在 2002—2007 年，区域间主要的隐含碳流动变化主要是先从西北地区流向西南地区(14.38 百万吨)和华北地区(9.59 百万吨)；然后是从西南地区流向中南地区(21.02 百万吨)；再从华东地区流向华北地区(83.69 百万吨)，从中南地区流向华东地区(83.08 百万吨)，华北地区流向东北地区(49.96 百万吨)(表 5-5)。从总体上来说，我国的隐含碳排放是从西部地区向中部地区以及东部地区流动，这表明二氧化碳排放从东部地区和中部地区向西部地区泄漏，也就是从相对发达的地区向相对落后的地区泄漏。

在 2007—2012 年间，我国六大区域的主要碳排放泄漏路径发生了变化。虽然仍有 26.31 百万吨的净隐含碳从西北地区流向中南地区，但是有 21.23 百万吨隐含碳开始从华北地区流入西北地区(表 5-6)。从本书可以看到，我国六大区域的主要碳排放泄漏路径是从华东地区向中南地区(147.17 百万吨)和从华北地区向中南地区(74.50 百万吨)。因此，在这一时间段内，隐含碳总体来看是从我国华东和华北地区流向了中南地区。

从省级层面来看，2002—2007 年碳泄漏量最大的路径是内蒙古—吉林(4 516 万吨)和青海—甘肃(3 014 万吨)，即吉林将碳排放泄漏到了内蒙古，甘肃将碳排放泄漏到了青海，意味着内蒙古对吉林的碳减排做出了贡献，青海也对甘肃的碳减排做出了贡献(表 5-7)。例如，内蒙古是净流出隐含碳最多的省份，即对其他省份碳减排贡献最大的省份，因为它是我国能源产品的主要供应者之一。

表 5-7   2002—2007 年和 2007—2012 年我国前十省际碳排放泄漏路径(百万吨)

2002—2007 年		2007—2012 年	
碳排泄漏路径	流动值	碳排泄漏路径	流动值
内蒙古—吉林	45.16	吉林—内蒙古	39.93
青海—甘肃	30.14	河北—河南	19.54
山西—山东	22.15	河北—山东	17.13
河南—江苏	22.01	广东—云南	16.02
河北—浙江	20.97	安徽—江西	15.21
河南—江苏	18.42	上海—山东	15.21
浙江—江苏	18.01	浙江—江苏	14.66
河北—北京	17.52	浙江—湖南	14.07
云南—广东	17.45	浙江—湖北	13.15
河北—天津	16.33	内蒙古—河南	13.13
说明:隐含碳流动路线为 A 地区—B 地区,表示碳排放从 B 地区泄漏到了 A 地区			

2002—2007 年,排名前十的省级碳排放泄漏路径主要分布在我国华北地区、中南地区和东部沿海地区。例如,山西、河南和河北二氧化碳排放量分别增长了 22.15 百万吨、22.01 百万吨和 20.97 百万吨,从而来满足山东、江苏以及浙江的最终消费需求,由此也帮助他们实现了各自的碳减排目标。另外,对于我国华南地区,主要的二氧化碳排放泄漏路径是从广东泄漏到云南(17.45 百万吨)。

2007—2012 年,我国最大的碳排放泄漏路径开始转变为吉林—内蒙古(39.93 百万吨),即内蒙古已经开始向吉林泄漏碳排放。这表明吉林不但不依赖内蒙古,反而开始帮助内蒙古实现了这一阶段的二氧化碳减排目标。另外,一些碳排放泄漏路径的方向也发生了变化,例如隐含碳开始从广东流向云南(16.02 百万吨),这是由于西南地区最终需求总量在这一阶段增长较快,云南对其他省份的最终需求在 2007—2012 年的增长量(7 251.19 亿元)远大于 2002—2007 年的增长量(695.29 亿元)[①]。

---

① 我国 30 省 2002—2007 年和 2007—2012 年省市地区间碳泄漏见附表 5 和附表 6。

第四节　基于隐含碳视角重新审视我国各地区碳减排目标实现状况

一、分省评估

从"十二五"开始，我国对各个行政区下达了单位 GDP 二氧化碳排放下降指标，对于各地区碳减排目标的实现进行评估，多从生产责任角度，即单位 GDP 的基于生产的二氧化碳排放下降率来进行评估。由于我国省际碳泄漏的存在，用这种方式进行评估会造成评估结果的失真，因此非常有必要从消费的角度重新对各地区碳减排目标的实现进行重新评估。

本书对基于生产的二氧化碳排放强度变化率（R_{pro}）（单位 GDP 的基于生产的二氧化碳排放下降率）和基于消费的二氧化碳排放强度变化率（R_{con}）（单位 GDP 的基于消费的二氧化碳排放下降率）进行了比较（图 5-4，彩图见二维码）。各省基于生产的二氧化碳排放强度与基于消费的二氧化碳排放强度变化差异较大，如辽宁从 R_{pro} 为 38.17％增长到 R_{con} 为 53.87％，天津从 R_{pro} 为 12.28％增长到 R_{con} 为 90.95％。另外部分地区甚至出现相反变化，如上海和广东基于生产的二氧化碳排放强度变化率表现为下降，如上海的 R_{pro} 为 -4.08％，广东的 R_{pro} 为 -6.02％。而基于消费的二氧化碳排放强度变化率 R_{con} 显著增长，分别为 92.66％、32.88％，可见上海和广东通过消费其他省份的产品和服务向外转移碳排放，实现了本地的碳减排目标。而青海与之相反，从生产角度来看，R_{pro} 表现为增长 35.59％，但从消费角度来看，R_{con} 表现为下降 55.64％。对于各个省份来说，采用从消费角度的方法和当前采用的从生产角度的方法来评价碳减排目标完成情况所得到的结果完全不同，因此省际碳泄漏对各省碳减排目标评估的影响不容忽视。

本书将基于生产的二氧化碳排放强度和基于消费的二氧化

彩图 5-4

碳排放强度按照增长率从小到大进行排序（从负到正），两者的排名变化如图 5-4（彩图见二维码）所示，排名越靠前，表示 2002—2007 年以及 2007—2012 年的碳排放强度增长率越小（即碳排放削减率越大）。从结果来看，不同的核算方法将导致不同的省份排名结果，由此也得到碳排放强度削减目标的不同评估结果。例如，在 2002—2007 年，按照基于生产的评估方法，上海的碳排放强度增长率排名为第 3 位，但按照基于消费的方法排名为第 28 位；云南按照基于生产的方法排名为第 29 位，按照基于消费的方法排名却是第 4 位。

另外，研究中用排名差距表示各省基于消费的排名减去基于生产的排名，若排名差距为正值，表示各省基于消费的排名数值大于基于生产的排名数值，即基于消费的碳排放强度增长率大于基于生产的碳排放强度增长率。

例如，2002—2007 年，排名差距最大（正值）的是云南和广西[见图 5-4（a）中的红色圆圈，彩图见二维码]，云南的排名差距为 25，广西的排名差距为 19。而上海（排名差距为 −25）、天津（排名差距为 −22）以及吉林（排名差距为 −20）的排名差距是负值且绝对值最大[见图 5-4（a）中的绿色圆圈，彩图见二维码]。因此，对于前者来说，基于消费的碳排放强度相较于基于生产的碳排放强度来说，以更快的速率增长，后者则相反。

2007—2012 年[图 5-4（b），彩图见二维码]，各省的排名分布规律发生了变化，尤其是贵州和云南两省排名差距变化最大。对于贵州来说，2002—2007 年，基于生产的碳强度增长率排名为 26 位，而基于消费的碳强度增长率排名为 17 位，即基于生产的碳强度增长率相比基于消费的碳强度增长率更大。但是，2007—2012 年，贵州基于生产的碳排放变化率排名为第 4 位，而基于消费的碳强度增长率排名则是 29 位，即基于消费的碳排放增长率要比基于生产的增长率更大。这说明云南和贵州从 2002—2007 年为其他地区碳强度减排目标做出贡献，到 2007—2012 年开始依靠其他地区完成了本地区的碳强度减排目标。

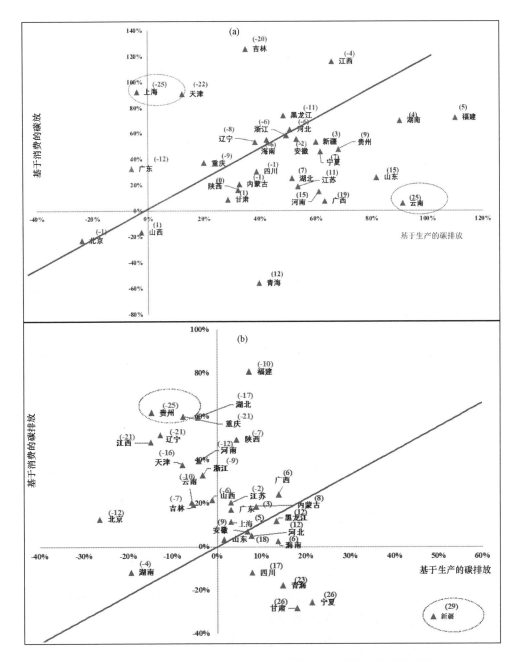

**图 5-4　2002—2007 年与 2007—2012 年我国各省基于生产的碳排放强度
与基于消费的碳排放强度排名差距比较**

(a)2002—2007 年我国各省基于生产的碳排放强度和基于消费的碳排放强度变化率排名差距比较；

(b)2007—2012 年我国各省基于生产的碳排放强度和基于消费的碳排放强度变化率排名差距比较

注：（1）对基于生产的碳排放强度和基于消费的碳排放强度变化率进行正向排序，排名越靠前，碳排放强度增长率越小，即减排率越大；（2）排名差距表示各个省份基于消费的碳排放强度和基于生产的碳排放强度增长率排名的差距；（3）红色的数字表示排名差距为正值，绿色的数字表示排名差距为负值；（4）蓝色直线表示基于生产的碳排放强度和基于消费的碳排放强度增长率排名相同。

由于各省之间不同的二氧化碳减排目标，一个省份可以通过从其他省份消费产品来减少本省二氧化碳排放，因此得到的二氧化碳减排目标的评估结果存在较大的差异。当评估二氧化碳减排目标时，有必要对省际碳泄漏高度重视。近年来，我国采取了多种二氧化碳减排措施，包括生产技术升级、产业结构调整等来实现二氧化碳减排目标，这些手段通常都是从基于生产的碳排放视角来关注单一省份的二氧化碳减排目标。但是，如果忽略了省际碳泄漏，没有采用包含省际碳泄漏的方法进行评估，一个省的二氧化碳减排目标的实现就有可能是以其他省份的二氧化碳排放增加为代价来实现的，并且最终可能导致中国二氧化碳排放总量的增加。

二、类别分析

为进一步分析不同省份的碳目标实现情况的差异，本书将对基于消费的碳排放增长率和基于生产的碳排放增长率进行类别分析。

1. 2002—2007 年和 2007—2012 年基于各省碳目标实现情况的分类

通过比较基于生产的二氧化碳排放强度增长率（R_{pro}）和基于消费的二氧化碳排放强度增长率（R_{con}），将 30 个省份分为以下四种类型（见表 5-8）：

（1）类型 Ⅰ：$R_{pro} > 0$，$R_{con} < 0$；

（2）类型 Ⅱ：$R_{pro} > 0$，$R_{con} > 0$，$R_{pro} > R_{con}$ 或 $R_{pro} < 0$，$R_{con} < 0$，$R_{pro} > R_{con}$；

（3）类型 Ⅲ：$R_{pro} < 0$，$R_{con} > 0$；

（4）类型 Ⅳ：$R_{pro} > 0$，$R_{con} > 0$，$R_{pro} < R_{con}$ 或 $R_{pro} < 0$，$R_{con} < 0$，$R_{pro} < R_{con}$。

在 2002—2007 年，类型 Ⅰ 的省份只有青海，它的 R_{pro} 为 39.59%，R_{con} 为 −55.64%。这说明，从基于生产的原则来看，本地二氧化碳排放强度的变化率增加，意味着青海没有完成二氧化碳减排目标；但是，在 2002—2007 年青海基于消费的原则的二氧化碳排放强度下降了，表示从消费角度完成了碳强度减排的目标[图 5-4(a)，彩图见二维码；表 5-8]。

类型 Ⅱ 中的省份包括位于我国西南地区的四川、云南和贵州，中部地区的山西、河南和湖北，东部沿海地区的山东和江苏。这些省份的 R_{pro} 比 R_{con} 高，这表明这些省份部分地区接受了来自其他省份的碳泄漏，从而帮助那些省份实现了它们的二氧化碳减排目标。

类型 Ⅲ 的省份包括上海和广东。上海的 R_{pro} 为 4.08%，但 R_{con} 为 92.66%；广东的 R_{pro} 和 R_{con} 分别为 16.02% 和 32.88%。这两个省份从表面上看，达到了二氧化碳减排目标，但是实际上基于消费的变化率增加了，这表明是通过消费其他省份的产品或者服务来实现本地区的二氧化碳减排目标的。

类型 Ⅳ 的省份有 13 个，其中包括北京、天津、河北和重庆。这些省份的 R_{pro} 比 R_{con} 值更小。对于北京来说，R_{pro} 为 −23.96%，但是 R_{con} 为 −22.47%，这表明它的二氧化碳减排部分是通过向其他省份进行碳泄漏来实现的。

表 5-8　2002—2007 年和 2007—2012 年我国 30 个省份基于生产和基于消费的二氧化碳排放强度变化率对比

地区	2002—2007 年			2007—2012 年		
	基于生产的变化率(R_{pro})	基于消费的变化率(R_{con})	类型	基于生产的变化率(R_{pro})	基于消费的变化率(R_{con})	类型
北京	−23.96%	−22.47%	Ⅳ	−26.53%	−11.73%	Ⅳ
天津	12.28%	90.95%	Ⅳ	−7.78%	−17.79%	Ⅱ
河北	50.67%	63.57%	Ⅳ	7.75%	18.56%	Ⅳ
山西	−2.42%	−16.16%	Ⅱ	−1.11%	48.09%	Ⅲ
内蒙古	32.63%	20.97%	Ⅱ	8.76%	59.77%	Ⅳ
辽宁	38.19%	53.87%	Ⅳ	−12.66%	6.93%	Ⅲ
吉林	35.00%	125.85%	Ⅳ	−5.36%	−32.14%	Ⅱ
黑龙江	48.39%	74.50%	Ⅳ	13.39%	24.09%	Ⅳ

续表

地区	2002—2007 年			2007—2012 年		
	基于生产的变化率(R_{pro})	基于消费的变化率(R_{con})	类型	基于生产的变化率(R_{pro})	基于消费的变化率(R_{con})	类型
上海	4.08%	92.66%	IV	3.22%	−28.17%	I
江苏	53.48%	19.16%	II	3.07%	19.41%	IV
浙江	49.33%	58.77%	IV	−3.15%	−11.87%	II
安徽	52.96%	56.02%	IV	6.80%	5.07%	II
福建	110.01%	72.76%	II	7.27%	2.71%	II
江西	65.66%	116.06%	IV	−14.80%	−25.68%	II
山东	81.68%	26.17%	II	1.47%	32.84%	IV
河南	60.96%	15.39%	II	−4.04%	60.02%	III
湖北	51.39%	25.37%	II	−4.21%	39.59%	III
湖南	89.91%	70.31%	II	−19.45%	12.00%	III
广东	16.02%	32.88%	IV	3.23%	3.35%	IV
广西	63.07%	7.83%	II	13.85%	51.42%	IV
海南	1 682.25%	55.08%	II	13.65%	80.68%	IV
重庆	20.05%	37.40%	IV	−7.68%	20.20%	III
四川	38.71%	30.63%	II	7.87%	21.59%	IV
贵州	67.98%	48.08%	II	−14.76%	17.05%	III
云南	90.88%	5.81%	II	−5.63%	61.69%	III
陕西	32.15%	16.49%	II	4.46%	20.53%	IV
甘肃	28.42%	9.06%	II	18.06%	37.91%	IV
青海	39.59%	−55.64%	I	14.87%	12.66%	II
宁夏	3 716.33%	46.16%	II	21.26%	11.47%	II
新疆	59.81%	73.68%	IV	48.64%	49.26%	IV

在 2007—2012 年，上海转变成了类型 I，它的 R_{pro} 为 3.22%，但是 R_{con} 为 −28.17%。上海在 2007—2012 年基于消费的二氧化碳排放强度增长率为负，这是因为 2007—2012 年上海的 GDP 增长了 6.45%，而基于消费的二氧化碳排放量减少了 23.54%，基于生产的二氧化碳排放量增长了 9.88%，从其他省份调入的隐含碳开始减少。

相反，类型Ⅲ的省份数量有所增加，山西、河南、湖北、湖南、贵州和云南从类型Ⅱ转变成了类型Ⅲ。同时，辽宁和重庆也从类型Ⅳ转变成了类型Ⅲ。这说明有更多的省份碳减排强度目标的实现是通过碳泄漏完成的。

2. 不同时间段之间的比较

由于云南在两个不同时间段的分组结果差异最大，因此以云南为例进行分析。在2002—2007年，云南处于类型Ⅱ。R_{pro}与R_{con}均为正值，且R_{pro}比R_{con}值更大。这期间，其他省份向云南泄漏了碳排放。从云南的净流出隐含碳的变化量来看，主要流向广东（17.450 5亿吨），占到云南流出隐含碳总量的84.06%。随后是浙江（3.666 9亿吨）、福建（1.268 9亿吨）和重庆（1.092 4亿吨）。这表明云南帮助广东、浙江、福建和重庆实现了部分的碳减排目标。

然而，在2007—2012年，云南开始向其他省份泄漏碳排放，从而转变为类型Ⅲ的省份。云南的R_{pro}为－5.63%，但是R_{con}为61.69%，从表面上看，它完成了基于生产的二氧化碳强度减排目标，但实际上基于消费的二氧化碳强度增长率增大了。虽然从云南流出的隐含碳从2007年的1.198 3亿吨变为了2012年的2.112 8亿吨，增长了0.914 5亿吨，但是流入云南的隐含碳从2007年的1.039 7亿吨变为了2012年的2.350 1亿吨，增长了1.310 4亿吨。因此，云南在其他省份的帮助下完成了本地的碳减排。从中可以看到，云南碳减排目标的实现主要依靠广东（16.021 1亿吨）、江苏（3.881 9亿吨）、内蒙古（3.393 6亿吨）和浙江（3.050 2亿吨）的帮助来实现，向这四个省份泄漏碳排放量之和占到了云南碳泄漏量的66.53%[图5-4(b)]。造成这一变化的主要原因在于云南对其他省份的最终产品的需求总量上升，因而变成了隐含碳的流出省份。

第五节　小结

本章基于我国地区之间的碳排放关联，对我国2002—2007

年和 2007—2012 年的"六大区"和省际贸易隐含碳的空间流动特征及变化状况进行了分析，结果显示：

对于隐含碳流动状况，2002 与 2007 年北京、天津、上海、江苏和浙江等发达省份主要表现为贸易隐含碳的净流入；而河北、山西、内蒙古、辽宁、河南和湖北等省份则表现为隐含碳的净流出。基于全国"六区域"特征分析，发现隐含碳主要从我国的西北地区和西南地区向华北地区和中南地区流动，再流动到东北地区和东部沿海地区。随着经济贸易特征的时间变化，地区之间隐含碳的流动方向也相应发生变化，2012 年我国西南地区从隐含碳净流出转变为净流入，而中西部地区向东部地区的隐含碳流量有所下降。

省际碳泄漏的客观存在，将对各省碳减排强度目标的实现产生影响。本书以 2002—2007 年与 2007—2012 年为两个研究阶段，从碳泄漏的角度对二氧化碳排放强度削减目标的实现情况进行重新审视，并与当前的基于生产的二氧化碳排放强度进行比较分析。研究发现：各省基于生产的二氧化碳排放强度与基于消费的二氧化碳排放强度变化差异较大，如辽宁从 38.17％增长到 53.87％，天津从 12.28％增长到 90.95％；部分地区甚至出现相反的变化方向，如上海与广东分别从生产碳减排强度下降了 4.08％、6.02％，转变为消费碳减排目标增长 92.66％、32.88％，可见这些省份通过消费其他地区的产品和服务向外转移了碳排放，进而实现了本地的生产碳减排目标；青海与这些地区相反，从生产角度表现为增长了 35.59％，但从消费角度则表现为下降了 55.64％。因此，当本书评价二氧化碳减排目标时，考虑省际碳泄漏问题是十分重要的。把考虑碳泄漏的方法应用到各个省份的碳减排目标评估，将有助于研究各个省份二氧化碳排放强度削减目标完成的实际情况，这是进一步分析排放—经济间关系并提出碳减排措施的重要基础。

本书的分析框架是基于 MRIO 模型和进口非竞争性假设的。在实证研究中，除了可以将此评估方法应用于二氧化碳排放，还可以将其扩展应用到其他指标，如能源、水资源、废弃物、污染物、土地资源以及其他生态指标等。当然，本书也存在一定的局限性，比如在实证研究当中，省级层面的数据受限一直是一个挑战，构建一个全面的省级层面的 MRIO 模型工作量是巨大的。本书中所采用的 MRIO 模型，是现有的最新且最全的 2002 年、2007 年和 2012 年的数据。因此，需要不断更新国家层面以及地方层面的投入产出表，以及完善我国省际层面的二氧化碳排放的统计数据，从而更可靠地对中国省际层面的隐含碳排放进行估算。在今后的研究中，有必要运用更新的、更精确的省级数据来进行下一步实证研究。

第六章　属地碳减排对其他地区的影响

本章以发达的 J 地区为研究案例，首先从地区和行业层面分析其碳减排目标实现造成的外部影响；然后运用结构分解模型（SDA）对 2002—2010 年 J 地区从其他省份流入隐含碳的变化进行驱动因素分析；为进一步研究 J 地区的国内贸易活动对全国二氧化碳排放总量的影响，本书假定 J 地区消费产品完全由 J 地区本地供给，通过虚拟情景对 J 地区的国内经济贸易活动对全国二氧化碳排放总量的影响进行了初步分析；最后，对 J 地区在省际贸易中的碳排放贸易条件进行分析。以期为协调我国较为发达地区与其他地区的二氧化碳减排压力以及中国国内二氧化碳减排控制提供政策建议。

第一节　J 地区与全国其他地区
隐含碳总量分析

将 J 地区在国内贸易中的经济贸易量与隐含碳的转移情况进行对比分析，可以发现：

从 J 地区对全国其他地区的经济贸易量的净输出来看，J 地区输出的经济贸易量大于流入的经济贸易量。净输入贸易量从 2002 年的 −7 728.6 亿元增长到 2007 年的 2 346.0 亿元，再增长到 2010 年的 8 222.6 亿元，呈现不断增长的趋势。同样净流入隐含碳逐渐增长，从 2002 年的 3 358.23 万吨，增长到 2007 年的 7 893.41 万吨，再增长至 2010 年的 9 207.89 万吨，分别占 J 地区当年碳排放总量的 46.91%、86.42% 和 103.14%（见表 6-1）。

表 6-1　J 地区从全国其他地区净输入贸易量及净流入隐含碳量的情况

指　标　＼　年　份	2002 年	2007 年	2010 年
净输入贸易量/亿元	−7 728.6	2 346.0	8 222.6
占 J 地区当年产值比重/％	−8.05	1.76	6.26
净流入隐含碳/万吨	3 358.23	7 893.41	9 207.89
占 J 地区当年碳排放总量比重/％	46.91	86.42	103.14
J 地区基于消费的碳排放依存度/％	29.63	53.54	56.51

注：J 地区基于消费的碳排放依存度（％）表示 J 地区从全国其他地区净流入的贸易隐含碳占 J 地区当年基于最终需求的总碳排放的比例

　　通过比较 J 地区基于消费的碳排放依存度（见表 6-1），可以发现 J 地区从全国其他地区净流入的碳排放依存度从 2002 年的 29.63％上升至 2010 年的 56.51％，即 2010 年 J 地区通过国内的省际贸易，实现了本地区一半以上隐含碳的区位转移，将自身的碳减排压力转嫁给国内其他地区。

　　鉴于我国对各地区单位 GDP 的二氧化碳减排的目标要求，本章对 J 地区 2002—2007 年、2007—2010 年及 2002—2010 年的年均名义碳强度变化率（基于生产的碳排放强度年均增长率）和年均实际碳强度变化率（基于最终需求的碳排放强度年均增长率）进行对比分析（见表 6-2）。结果显示，年均生产碳强度增长率在不同时间段均呈现下降趋势，2002—2010 年，平均每年下降 77.19％；而年均消费碳强度增长率虽在 2002—2007 年呈下降趋势，但在 2007—2010 年迅速回升，从整体上看 2002—2010 年的年均消费碳强度增长率为 54.38％。可以发现，虽然从属地生产的角度来看，J 地区实现了碳强度减排逐年递减的目标，然而从最终需求来看，却呈现碳排放强度上升的趋势，说明 J 地区从其他地区流入了相当部分的高碳产品以满足本地消费等需求，以实现自身的碳减排目标。

表 6-2　J 地区年均生产碳强度增长率和消费碳强度增长率对比

指　标　　　　年　份	2002—2007 年	2007—2010 年	2002—2010 年
生产碳增长量/百万吨	19.76	−2.07	17.69
消费碳增长量/百万吨	34.11	15.50	49.61
年均生产碳强度增长率/(%·年⁻¹)	−49.57	−46.26	−77.19
年均消费碳强度增长率/(%·年⁻¹)	−40.53	26.59	54.38

一、J 地区流入的贸易隐含碳

彩图 6-1

2002—2010 年 J 地区流入全国其他省份的贸易隐含碳总量，呈逐步增长的趋势，从 2002 年的 6 541.93 万吨到 2007 年的 10 872.06 万吨，再到 2010 年的 11 634.58 万吨。

通过比较 J 地区流入各地区的隐含碳可以发现，自河北、山西、内蒙古、山东和河南流入的最多，如河北从 2002 年的 462.66 万吨，增长至 2007 年的 2 702.50 万吨和 2010 年的 2 711.28 万吨（图 6-1，彩图见二维码）。可见 J 地区自身生产过程中对河北、山西和内蒙古的碳排放外部依存最大。

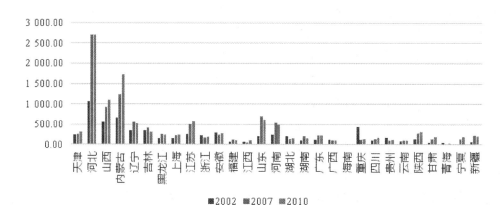

图 6-1　2002 年、2007 年和 2010 年 J 地区流入各地区的贸易隐含碳(万吨)

二、J地区流出的贸易隐含碳

J地区流出的贸易量同样也呈不断增长趋势，从 2 370.12 万元增长至 3 412.15 万元，再增长到 5 332.62 万元。而期间 J地区流出至全国其他省份的贸易隐含碳不断降低，从 2002 年的 3 183.69 万吨，减少到 2007 年的 2 978.65 万吨，再减少至 2010 年的 2 428.68 万吨，其中流出的贸易隐含碳最大的省份是天津、上海、江苏、浙江等地区（图 6-2，彩图见二维码）。

彩图 6-2

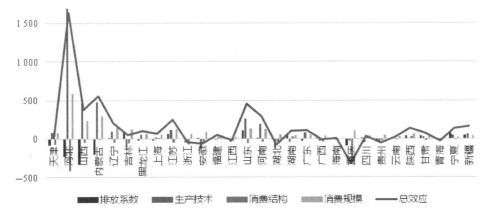

图 6-2　2002 年、2007 年和 2010 年 J 地区流出各地区的贸易隐含碳（万吨）

三、J地区净流入的贸易隐含碳

从地区层面来看，J 地区 2002 年、2007 年和 2010 年净流入的贸易隐含碳最大的地区主要分布在河北、内蒙古、山西、山东等地，可见 J 地区通过输入这些地区产品满足本地需求，从而转移了隐含碳。而从净流出的地区来看，2002 年主要是广西、广东、福建、海南等地区；2007 年主要是浙江、江西等地区；2010 年主要是青海、广西、福建等地区，多为东部沿海较发达的地区（表 6-3）。

表 6-3 2002 年、2007 年、2010 年 J 地区净流入各地区的贸易隐含碳及变化量(万吨)

净流入	2002 年	2007 年	2010 年	2002—2007 年	2007—2010 年	2002—2010 年
天津	10.22	−5.00	118.69	−15.22	123.69	108.47
河北	756.78	2 465.13	2 533.34	1 708.35	68.21	1 776.56
山西	509.65	862.63	1 042.30	352.98	179.67	532.65
内蒙古	625.86	1 164.30	1 647.42	538.45	483.12	1 021.57
辽宁	270.66	438.57	463.39	167.91	24.82	192.73
吉林	215.28	292.25	267.11	76.97	−25.15	51.83
黑龙江	50.26	118.10	169.64	67.84	51.54	119.38
上海	76.02	6.91	66.54	−69.11	59.63	−9.48
江苏	78.74	273.87	312.44	195.14	38.57	233.71
浙江	72.13	−16.77	57.54	−88.91	74.31	−14.60
安徽	187.06	149.50	215.08	−37.56	65.58	28.02
福建	−10.30	6.74	−25.78	17.05	−32.52	−15.47
江西	8.56	−13.49	39.29	−22.06	52.78	30.73
山东	−71.12	568.51	533.05	639.63	−35.46	604.17
河南	124.58	397.27	364.57	272.69	−32.69	239.99
湖北	138.61	91.45	131.82	−47.16	40.37	−6.79
湖南	55.63	172.43	127.81	116.80	−44.61	72.19
广东	−26.57	80.41	119.47	106.97	39.06	146.04
广西	−96.74	38.80	−10.84	135.54	−49.64	85.90
海南	−42.10	2.15	10.97	44.24	8.82	53.07
重庆	310.51	54.08	56.25	−256.43	2.17	−254.26
四川	41.92	87.56	143.47	45.64	55.90	101.54
贵州	102.83	50.19	62.26	−52.64	12.08	−40.56
云南	6.77	25.52	31.47	18.75	5.94	24.70
陕西	50.06	192.78	230.23	142.72	37.45	180.17
甘肃	17.75	105.51	178.15	87.76	72.64	160.40

净流入	2002 年	2007 年	2010 年	2002—2007 年	2007—2010 年	2002—2010 年
青海	6.40	2.13	−1.93	−4.28	−4.05	−8.33
宁夏	−89.02	124.34	171.13	213.36	46.80	260.16
新疆	−22.20	157.53	152.99	179.73	−4.54	175.20
合计	3 358.23	7 893.40	9 207.87	4 535.15	1 314.49	5 849.69

从表 6-3 可以看出，2002—2010 年的隐含碳净流入的变化量较大的是内蒙古、河北、山东、山西等地区。其中，2002—2007 年净流入隐含碳变化量最大的是河北，2007—2010 年净流入隐含碳变化量最大的是内蒙古。另外，对于天津、上海、浙江、江西、重庆等地区，J 地区在 2002—2007 年对其先净流出隐含碳，在 2007—2010 年表现为净流入隐含碳；而对于吉林、福建、河南、湖南、广西、新疆等地区，J 地区对其表现为在 2002—2007 年先净流入隐含碳，在 2007—2010 年表现为净流出隐含碳。说明 J 地区越来越依赖从内蒙古、河北、山东、山西等欠发达地区输入产品，从而向外转移贸易隐含碳。这些结果也与 He(2009)的结果一致，他根据 1991—2000 年中国各省的面板数据在中国找到了一些"污染天堂"证据。同样，Liu(2015)的结果表明，通过在地区间生产关联，广东将排放量部分地转移给其他省份，特别是中西部省份。

第二节　行业分析

现有研究多从国家层面分析行业总体之间的隐含碳排放流动状况，往往忽略了地区的具体产业之间的联系，不能反映特定行业在不同地区排放的空间分布情况。因此，本书分析了 J 地区各行业与全国其他地区的行业之间的隐含碳流动状况，这对于了解行业的跨地区贸易对二氧化碳排放影响具有重要意义。

从贸易量来看：J 地区净输入的经济贸易量最大的行业，

2002 年是交通运输设备制造业(S17)，2007 年和 2010 年均为食品制造及烟草加工业(S6)，而净输出经济贸易量最大的产业为住宿餐饮业(S27)(图 6-3，彩图见二维码)。

从贸易隐含碳来看：2002 年、2007 年和 2010 年，J 地区净流入隐含碳最多的前三位产业是电力、热力的生产和供应业(S22)，金属冶炼及压延加工业(S14)，交通运输及仓储业(S25)，隐含碳净流出最大的产业是住宿餐饮业(S27)(图 6-4，彩图见二维码)。

彩图 6-3

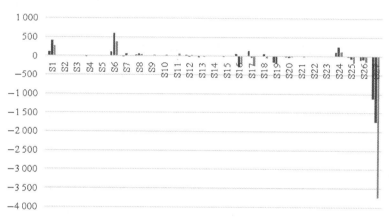

图 6-3　2002 年、2007 年和 2010 年 J 地区各行业净输入的贸易量(万元)

彩图 6-4

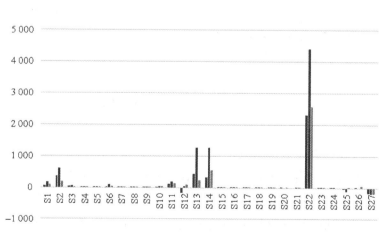

图 6-4　2002 年、2007 年和 2010 年 J 地区各行业
净流入的贸易隐含碳(万吨)

另外，从表 6-4 来看，J 地区与全国其他地区的平均碳排放系数存在较大差异，从 2002 年到 2010 年，J 地区各行业的碳排放系数更加趋于小于全国平均值，从 2002 年有 9 个行业的碳排放系数高于全国平均值（用"▲"表示），到 2010 年只有 5 个行业高于全国平均值。如 J 地区的电力、热力的生产和供应业（S22），从 2002 年的 11.63 吨/万元（非 J 地区平均值为 9.81 吨/万元），下降到 2010 年的 1.74 吨/万元（非 J 地区平均值为 9.59 吨/万元）。而对于 J 地区的交通运输及仓储业（S25），尽管 2002 年的碳排放系数为 0.74 吨/万元，大于非 J 地区的平均值（0.58 吨/万元），但随后下降到 2010 年的 0.71 吨/万元，小于 2010 年非 J 地区的平均值（9.59 吨/万元）。这是因为中国中部、西北和西南部大部分省份处于工业化城镇化的经济发展进程中，煤炭消费和基础设施生产等能源密集型活动占据主导地位；相反，较为发达的东部省份，如 J 地区，是生产较低碳的省份。

表 6-4　J 地区与全国平均碳排放系数对比

年份	2002 年		2007 年		2010 年	
行业	J 地区	全国	J 地区	全国	J 地区	全国
S1	0.22▲	0.17	0.34▲	0.21	0.35▲	0.21
S2	0.01	1.95	0.01	2.11	0.00	1.34
S3	0.00	0.36	0.90▲	0.45	0.23	0.31
S4	0.53▲	0.27	0.31▲	0.23	0.02	0.21
S5	0.88▲	0.24	0.61▲	0.27	0.78▲	0.22
S6	0.06	0.06	0.07	0.10	0.05	0.09
S7	0.04	0.06	0.06	0.09	0.06	0.09
S8	0.04▲	0.02	0.06▲	0.03	0.05▲	0.03
S9	0.03	0.05	0.04	0.06	0.03	0.06
S10	0.05	0.12	0.06	0.22	0.06	0.20
S11	0.32	2.57	0.47	1.79	0.41	1.63

续表

年份	2002 年		2007 年		2010 年	
S12	0.50▲	0.24	0.39▲	0.35	0.27	0.34
S13	1.21	1.71	1.37	3.23	1.09	3.39
S14	2.74▲	1.65	1.22	1.46	4.01▲	2.04
S15	0.03	0.06	0.03	0.12	0.02	0.10
S16	0.05	0.07	0.03	0.11	0.03	0.09
S17	0.04	0.05	0.02	0.06	0.01	0.05
S18	0.01	0.03	0.01	0.04	0.01	0.03
S19	0.00	0.42	0.00	0.14	0.00	0.09
S20	0.01	0.02	0.01	0.03	0.01	0.03
S21	0.21▲	0.04	0.22	0.09	0.09▲	0.08
S22	11.63▲	9.81	2.56	9.69	1.74	9.59
S23	0.02	0.22	0.07	0.39	0.03	0.34
S24	0.03	0.05	0.05	0.06	0.06	0.06
S25	0.74▲	0.58	0.74	1.12	0.71	1.23
S26	0.05	0.10	0.14	0.20	0.06	0.22
S27	0.05	0.06	0.06	0.07	0.04	0.09
平均	0.72	0.78	0.36	0.84	0.38	0.82

注："▲"表示 J 地区产业的碳排放强度高于非 J 地区的产业的碳排放强度平均值

结合表 6-4 可以发现，J 地区净流入隐含碳的行业是碳排放系数较大的能源和加工业等，而净流出隐含碳的行业是碳排放系数较小的服务业和轻工制造业等。虽然 J 地区自身的产业结构调整对抑制本地碳排放起到了重要的作用，但是 J 地区对于第二产业产品的消费没有随着第二产业生产占比的减少而相应减少，其需求的产品通过从其他地区输入满足了本地的消费，同时增加了其他地方的二氧化碳排放。可见 J 地区凭借科技等优势形成了"调入价值量较低的高碳产品或服务、调出价值量较高的低碳产品或服务"的贸易模式，通过输入大量加工型行业的产品输出服务业和产品，间接导致其他地区二氧化碳的大量排放，并降低了自身碳减排压力，使其保持隐含碳的净流入。这些结果与 Feng 的结果类似，他们研究发现高度发达地区，如京津地区，从欠发达的中部、西北部、西南部省份输入了大量的低附加值、高碳密度产品。他们还发现，最富裕的地区转移了超过 50％的与他们消费的产品有关的排放量，主要将碳排放转移至技术效率较低且碳密集度较高的省份。

第三节 J地区通过国内省际贸易对全国碳排放增量的影响

由于以上结果表明 J 地区通过国内省际贸易向全国其他地区转移了贸易隐含碳，因此，进一步估算 J 地区通过从其他地区净输入产品所避免的本地碳排放状况。假设 J 地区净输入的全国其他地区各省产品，均在 J 地区自行生产（假定 J 地区消费的产品完全由 J 地区本地生产），并与其实际流入的贸易隐含碳进行对比分析（表 6-5）。

表 6-5　J 地区对全国虚拟与实际净流入贸易隐含碳情况对比

年份	2002 年			2007 年			2010 年		
	虚拟	实际	增排	虚拟	实际	增排	虚拟	实际	增排
净流入隐含碳 /百万吨	16.83	38.66	21.84	30.23	78.94	48.70	56.21	92.08	35.87
占 J 地区当年生产中的二氧化碳排放比例/％	21.10	48.49	27.38	44.14	115.24	71.11	79.34	129.96	50.62

表 6-5 结果显示，2002、2007 和 2010 年从其他省份净输入的产品对外部省份的碳泄漏依次减少 1 682.76 万吨、3 023.11 万吨和 5 621.36 万吨，分别占 J 地区当年生产中的二氧化碳排放总量的 21.10％、44.14％和 79.34％，意味着 J 地区通过国内贸易，增加了全国二氧化碳排放总量，且影响越来越大，这主要是由于其他地区的碳减排效率及生产技术水平相对较低。

从省级层面来看，引起增排最多的是河北、山西和内蒙古，2002、2007 和 2010 年 J 地区对其净流入隐含碳的实际值均大于虚拟值，在 2010 年分别高出 692.2 万吨、634.68 万吨和 922.09 万吨。说明 J 地区通过从这些地区输入产品而非自行生产，对全国带来的碳排放增量最大，主要是由于 J 地区与这些地区存在较大的技术梯度差。

第四节　J 地区流入贸易隐含碳结构分解分析

一、总体因素分解分析结果

为进一步分析 J 地区流入贸易隐含碳增加的影响因素，构建 SDA 模型对 2002—2010 年 J 地区流入的省际贸易隐含碳排放变化量（ΔE）进行结构分解，计算各个影响因素变动对 J 地区流入贸易隐含碳的贡献值和贡献率（表 6-6）。其主要的影响因素包括 J 地区对其他地区的消费规模（规模效应）、J 地区对其他地区的消费结构（结构效应）、非 J 地区的生产技术（技术效应）和非 J 地区的二氧化碳排放效率（效率效应）。对于每个影响因素，负值意味着该因素对 J 地区从计算年度到基准年的流入贸易隐含碳的变化量起到减排作用，反之亦然。

表 6-6　J 地区流入贸易隐含碳结构分解结果（百万吨）

时间段	效率效应	技术效应	结构效应	规模效应	总效应
2002—2010 年	−1.68	38.70	−13.72	27.36	50.66
占比	−3.31%	76.39%	−27.08%	54.00%	100%
2002—2007 年	−3.35	30.88	−12.76	27.71	42.48
占比	−7.89%	72.71%	−30.04%	65.23%	100.00%
2007—2010 年	7.03	2.47	0.62	−1.93	8.18
占比	85.88%	30.14%	7.61%	−23.62%	100.00%

表 6-6 显示，在 2002—2010 年 J 地区的流入贸易隐含碳量增加了 5 066.56 万吨。J 地区的消费结构效应的减排效应为 1 371.88 万吨，占隐含碳排放总量变化的 27.08％，是此期间隐含碳减少的主要原因。

非 J 地区的效率效应的减排量为 166.73 万吨，占隐含碳总量变化的 3.31％，是减排的第二大贡献者，这表明低碳生产技术也是减少隐含碳的主导因素。这一结果与 Guan 和 Liang 等的结论一致，他们发现碳排放强度是减少排放的重要因素。

非 J 地区的技术效应为 3 869.59 万吨，占隐含碳总量变化的 76.39％，这表明非 J 地区生产技术效应是此期间隐含碳增加的主要原因。这一结果与 Guan 等人的结果一致，他们的结果显示，2005 年至 2010 年生产结构的变化增加了 PM2.5 的排放。对能源和碳排放的研究表明，生产结构的变化是增加排放的因素之一。

J 地区的规模效应为 2 735.79 万吨，占隐含碳总量变化的 54.00％，是隐含碳增加的第二大因素，这表明贸易规模的增加会明显抵消其他因素的减排作用。这与国际贸易规模是中国二氧化碳排放量增长和 PM2.5 排放量变化的主要驱动因素的结果相类似。

二、各效应的进一步分析

在本节中，进一步分析每个因素对隐含碳总量减少的贡献。

（1）技术效应：在 2002—2007 年，非 J 地区的生产技术效应引起的 J 地区流入隐含碳增量为 3 088.44 万吨（占 J 地区流入贸易隐含碳总量的 72.71％）；在 2007—2010 年，非 J 地区的生产技术效应引起的 J 地区流入隐含碳增量为 246.54 万吨（占 J 地区流入贸易隐含碳总量的 30.14％）。可见技术效应的增排效应逐渐减弱，即非 J 地区的生产技术有逐步改善趋势。

（2）效率效应：在 2002—2007 年，非 J 地区的碳排放效率效应为 −335.18 万吨（占 J 地区流入贸易隐含碳总量的 −7.89％）；

在 2007—2010 年，非 J 地区的碳排放效率效应为 702.55 万吨（占 J 地区流入贸易隐含碳总量的 85.88%）。可见非 J 地区的碳排放效率虽然在 2002—2010 年整体为减排效应，但相对于 J 地区的碳排放效率，非 J 地区的碳排放效率在 2007—2010 年更为落后。

（3）结构效应：在 2002—2007 年，非 J 地区的贸易结构效应为−1 276.20 万吨（占 J 地区流入贸易隐含碳总量的−30.04%）；在 2007—2010 年，非 J 地区的贸易结构效应为 62.24 万吨（占 J 地区流入贸易隐含碳总量的 7.61%）。可见 J 地区的流入贸易结构越来越不利于低碳发展。

（4）规模效应：在 2002—2007 年，非 J 地区贸易规模效应为 2 770.70 万吨（占 J 地区流入贸易隐含碳总量的 65.23%）；在 2007—2010 年，非 J 地区贸易规模效应为−193.23 万吨（占 J 地区流入贸易隐含碳总量的−23.62%）。消费规模效应引起的贸易隐含碳从 2002—2007 年的正效应转变为 2007—2010 年的负效应，因为 J 地区流入贸易量在 2007—2010 年减少了 234.14 万元。

在 2002—2007 年，主要的减量因素是非 J 地区的效率效应和 J 地区的消费结构效应，主要的增量因素是非 J 地区的技术效应和 J 地区的规模效应。从 2007 年到 2010 年，J 地区的消费规模效应变为负值，同时非 J 地区的技术效应的增排作用开始下降，非 J 地区的效率效应和 J 地区的消费结构效应转变为 J 地区流入隐含碳的增排因素。因此，提高非 J 地区碳减排技术水平，调整 J 地区的产品结构，有助于减少 J 地区流入贸易隐含碳的总量。

三、各省份的因素分解分析

从省级层面来看，在 2002—2007 年（图 6-5，彩图见二维码），J 地区对所有省份的消费规模效应是 J 地区流入贸易隐含碳的增量因素；20 个省份的效率效应和 16 个省份的技术效应是 J 地区流入贸易隐含碳的增量因素，而 J 地区对 24 个省份的消费结构效应是减量因素。

彩图 6-5

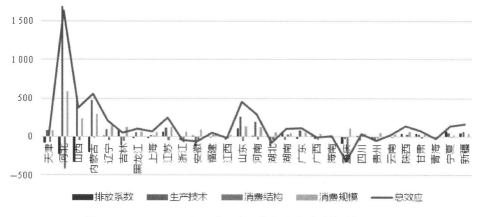

图 6-5　2002—2007 年 J 地区流入贸易隐含碳结构分解(万吨)

在 2007—2010 年，大多数省份的效率效应和技术效应仍然是 J 地区流入贸易碳的主要增量因素，J 地区对 16 个省份的消费结构效应是减量因素。然而，J 地区对所有省份的规模效应在 2007—2010 年开始转化为减量因素。

可以看出，在这两个时期，大多数省份的效率效应和技术效应对 J 地区流入隐含碳的增排影响越来越大，J 地区对大多数省份的消费结构效应在下降；而由于 J 地区从其他地区输入的贸易规模降低，规模效应由增量因素转化为减量因素(图 6-6，彩图见二维码)。

彩图 6-6

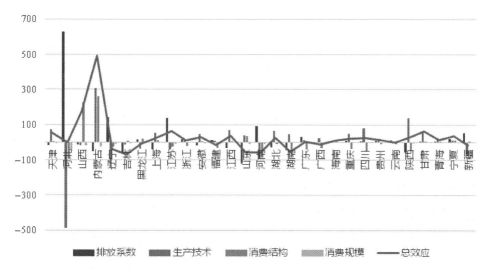

图 6-6　2007—2010 年 J 地区流入贸易隐含碳结构分解(万吨)

然而，在 2002—2007 年和 2007—2010 年这两个时间段内，许多省份的各个影响因素的减排效应都发生了变化。例如，河北是流出隐含碳到 J 地区较大的省份，河北的效率效应在 2002—2007 年是减量因素，但在 2007—2010 年转变为增量因素；技术效应和规模效应在 2002—2007 年是增量因素，而在 2007—2010 年则变为减量因素。这表明与 J 地区相比，河北生产技术有所改善，但二氧化碳排放效率有所下降，J 地区对河北的贸易规模效应也有所下降。因此，相对于其他研究，本书的研究结果提供了更多关于各个省份各个影响因素对碳减排的作用。

综上所述，尽管 J 地区对其他地区贸易规模的下降对 J 地区流入贸易隐含碳的下降做出了贡献，但其他地区的效率和技术效应在很大程度上抵消了规模效应下降带来的减排量，因此提高其他地区的碳排放效率和生产技术是减少 J 地区流入贸易隐含碳的关键因素。

第五节 J 地区在省际贸易中的碳排放贸易条件分析

J 地区与其他地区贸易量的顺差是 J 地区在省际贸易中隐含碳不平衡的主要原因，但不是唯一原因，通过对 J 地区与我国其他地区的碳排放贸易条件分析，可以更好地解释这一现象。碳排放贸易条件表征 J 地区省际贸易中输出产品的平均碳排放强度与输出产品的平均碳排放系数之间的比值。若碳排放贸易条件大于 1，表示 J 地区相对于其他地区输出的是相对碳密集型的产品，而若碳排放贸易条件小于 1，表示 J 地区相对于其他地区输出的是相对低碳型的产品。根据图 6-7（彩图见二维码）可以看到，2002 年、2007 年和 2010 年 J 地区的碳排放贸易条件除了广东在 2002 年为 1.19 之外，其他省份的碳排放贸易条件均小于 1。以 2010 年为例，在 J 地区的省际贸易对象中，山

彩图 6-7

西的碳排放贸易条件为 0.02，即对于单位价值产品中的隐含碳
排放量，J 地区输出到山西的产品只是从山西输入产品的 2%。
结果说明，2010 年 J 地区在省际贸易中从其他地区输入相对于
自身而言更加碳密集型的产品，而输出的是相对于自身而言更
加低碳的产品。

由图 6-7 可知，福建、江西和重庆在 2010 年的碳排放贸易
条件大于 2002 年，说明对于这些省份，J 地区在与其进行贸易
时，J 地区输出相对低碳型产品而输入相对碳密集型产品的趋
势逐渐变缓，J 地区通过这几个地区的贸易降低本地区的隐含
碳排放的趋势变缓。

其他省份的碳排放贸易条件均是 2010 年小于 2002 年。这
说明 J 地区在与绝大多数地区的省际贸易中，J 地区越来越倾向
于调出相对碳清洁型产品而调入相对碳密集型产品，通过贸易
降低本地区的隐含碳排放的趋势变强。这是剔除了消费规模效
应后贸易的环境结构和技术效应的综合结果，说明 J 地区通过
省际贸易对全国碳排放的影响越来越不利。由于生产技术水平
和能源利用效率等方面存在差异，J 地区与多数省份间同类产
品的单位 GDP 的二氧化碳排放量不同，因此会对碳排放贸易条
件的结果产生影响。这也进一步说明了我国其他地区相对于 J
地区来说，在生产技术、碳减排水平以及能源利用效率等方面
较为落后。

第六节　小结

本章以 J 地区为研究案例，首先从地区和行业层面分析其
碳减排目标实现造成的外部影响；然后运用结构分解模型
(SDA)对 2002—2010 年 J 地区从其他省份流入隐含碳的变化进
行驱动因素分析；为进一步研究 J 地区的国内贸易活动对全国
二氧化碳排放总量的影响，本书假定 J 地区消费产品完全由 J
地区本地供给，通过虚拟情景对 J 地区的国内经济贸易活动对
全国二氧化碳排放总量的影响进行了初步分析；最后，对 J 地

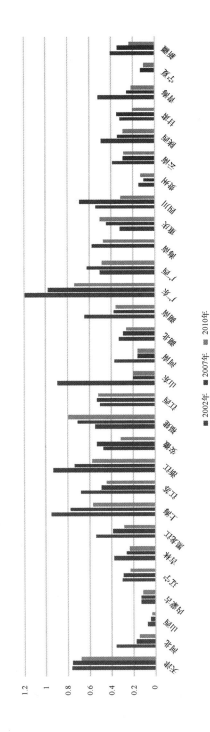

图 6-7　2002年、2007年和2010年J地区与各地区碳排放贸易条件

区在省际贸易中的碳排放贸易条件进行分析。实证研究结果表明：

(1)J地区净流入的贸易隐含碳。2002—2010年，J地区净流入的贸易隐含碳逐渐增大。J地区对其他地区基于最终使用的碳排放依存度从2002年的29.63%逐步上升至2010年的56.51%，即2010年J地区由于最终需求而产生的碳排放当中，有一半以上是依赖于其他地区的生产。2002—2010年，J地区的隐含碳净流入的地区绝大部分是河北、山西、内蒙古等周边地区，净流出的地区是广东、广西、福建等较为发达地区。2002—2010年，J地区流入隐含碳量增长较快的是内蒙古、河北、山东、山西等地区。

(2)行业分析。2002—2010年，J地区净流入贸易隐含碳所占比例最大的行业是电力、热力的生产和供应业(S22)，其次是非金属矿物制品业(S13)、金属冶炼及压延加工业(S14)、煤炭开采和洗选业(S2)和石油加工、炼焦及核燃料加工业(S11)；净流出贸易隐含碳所占比例最大的行业是住宿餐饮业(S27)和交通运输及仓储业(S25)。由此可见，碳排放系数较大的能源和加工业是J地区净流入隐含碳的行业类型，而碳排放系数较小的服务业和轻工制造业是J地区净流出隐含碳的行业类型。

(3)J地区通过贸易对全国碳排放增加的影响。为研究J地区的国内贸易活动对全国二氧化碳排放总量的影响，本书假定J地区消费产品完全由J地区本地供给，发现J地区通过与外部地区发生的国内贸易活动，增加了全国二氧化碳排放总量，2002年、2007年和2010年分别增加了1 682.76万吨、3 023.11万吨和5 621.36万吨，分别占当年排放总量的21.10%、44.14%和79.34%，这主要是由于其他地区相对于J地区而言碳减排效率及生产技术水平相对较低。

(4)J地区流入隐含碳变化的结构分解分析。运用结构分解模型SDA对J地区流入的贸易隐含碳变化的影响因素进行分析，结果表明：减量因素主要为J地区对其他地区的输入结构、碳排放效率；增量因素主要为J地区的消费规模、其他地区的生产技术。因此，为减少J地区贸易隐含碳的流入，应该逐步提升其他地区的生产技术和碳减排技术。

(5)J 地区在省际贸易中的碳排放贸易条件分析。2002、2007 和 2010 年 J 地区的碳排放贸易条件除了广东在 2002 年为 1.19 之外，其他省份的碳排放贸易条件均小于 1。除福建、江西和重庆外，其他省份的碳排放贸易条件均是 2010 年小于 2002 年，这说明在与绝大多数地区的省际贸易中，J 地区越来越倾向于调出相对碳清洁型产品而调入相对碳密集型产品，通过贸易降低本地区的隐含碳排放的趋势变强。

第七章 结论与展望

第一节 研究结论及创新点

一、主要研究结论

本书基于 2002、2007、2010 和 2012 年我国区域间投入产出（MRIO）表进行分析。首先通过构建我国不同地区的产业间的经济与碳排放关联模型，运用边际关联与绝对关联效应方法，分别从前向关联和后向关联两种维度，识别国家整体碳减排目标下的省级层面重点产业与重点地区；然后基于我国贸易隐含碳的空间流动特征及变化状况，从碳泄漏视角对我国现有省级二氧化碳强度减排目标的实现情况进行重新审视；最后以 J 地区为案例，从地区和行业层面分析其碳减排目标实现造成的外部影响，运用结构分解模型 SDA 研究其贸易隐含碳变化的影响因素，并通过虚拟情景对 J 地区的国内经济贸易活动对全国二氧化碳排放总量的影响进行了初步分析。

首先，通过构建我国不同地区的产业间的经济与碳排放关联模型，运用边际关联与绝对关联效应方法，分别从各地区产业的需求拉动和供给推动两个角度，即基于 Leontief 体系测度的后向关联效应和在 Ghosh 体系下测度的前向关联效应。从前向关联（产业链前端）和后向关联（产业链末端）方面识别了国家层面碳减排目标下的省级层面的重点碳减排部门与重点碳减排地区。结论如下：

从全国来看，我国电力、热力的生产和供应业（S22）为前向碳排放关联的关键部门，建筑业（S24）则是后向碳排放关联的关键部门。但是，当从边际意义的关联与绝对意义的关联两个角度分别来看时，这两个部门在各个省份的碳排放关联值呈现出异质性，这意味着即使是同一个产业，在不同省份也应该采取不同的碳减排措施。

重点部门是从前向关联及后向关联分别选择的重点减排部门及优先发展部门。对于后向关联来说，重点减排部门需要减少其对碳密集型原材料的输入，包括山西、内蒙古的电力、热力的生产和供应业(S22)，辽宁的交通运输及仓储业(S25)；优先发展部门为江苏、浙江、福建和河南的纺织服装鞋帽皮革羽绒及其制品业(S8)，以及黑龙江、浙江的食品制造及烟草加工业(S6)。对于前向关联来说，重点减排部门需要调整其供应链的下游产业部门类型，包括河北的非金属矿物制品业(S13)，内蒙古的金属冶炼及压延加工业(S14)，以及上海的电力、热力的生产和供应业(S22)；优先发展部门为河北、辽宁、吉林、上海、四川和陕西的化学工业(S12)，天津、河北、陕西的批发零售及餐饮业(S26)，辽宁、吉林、浙江的农林牧渔业(S1)。

重点省份是从前向关联与后向关联分别筛选出重点减排省份和优先发展省份。后向关联的重点减排省份应从需求端进行控制，以减少这些省份的消费需求对全国二氧化碳排放的拉动作用，如辽宁、吉林等。前向关联的重点减排省份应调整其供应端的产业结构以减少二氧化碳排放，如宁夏、新疆等。此外，河北、山西、内蒙古及山东为前向关联及后向关联的双向减排重点省份，对于这些省份应采取针对供应端及需求端的两种措施双管齐下共同减排。优先发展的省份大部分为东部省份，例如北京、天津、福建。

然后，研究基于我国地区之间的碳排放关联，对我国2002—2007年和2007—2012年的"六大区"和省际贸易隐含碳的空间流动特征及变化状况进行分析；由于省际碳泄漏的客观存在，将对各省份碳减排强度目标的实现产生影响，因此本书从碳泄漏视角对我国现有省级二氧化碳强度减排目标的实现情况进行重新审视，并与之进行对比分析，以期为我国省级二氧化碳强度减排目标评估提供参考。结论如下：

对于隐含碳流动状况，整体而言，2002 年与 2007 年北京、天津、上海、江苏、浙江等发达地区主要表现为贸易隐含碳的净流入；而河北、山西、内蒙古、辽宁、河南、湖北等省份则表现为隐含碳的净流出。基于全国"六区域"特征分析，发现隐含碳主要从我国的西北地区和西南地区向华北地区和中南地区流动，再流动到东北地区和东部沿海地区。随着经济贸易特征的时间变化，地区间隐含碳的流动方向也相应发生变化，2012 年我国西南地区从隐含碳净流出转变为净流入，而中西部地区向东部地区的隐含碳流量有所下降。

由于省际碳泄漏的客观存在，将对各省份碳减排强度目标的实现产生影响。本书以 2002—2007 年与 2007—2012 年为两个研究阶段，从碳泄漏的角度对二氧化碳排放强度削减目标的实现情况进行重新审视，并与当前基于生产的二氧化碳排放强度进行比较分析。研究发现：各省份基于生产与基于消费的二氧化碳排放强度变化差异较大，如辽宁从 38.17％增长到 53.87％，天津从 12.28％增长到 90.95％；部分地区甚至出现相反的变化方向，如上海与广东分别从生产碳减排强度下降 4.08％、6.02％，转变为消费碳减排目标增长 92.66％、32.88％，可见这些省份通过消费其他地区的产品和服务向外转移了碳排放，进而实现了本地的生产碳减排目标；青海与这些地区相反，从生产角度表现为增长 35.59％，但从消费角度则下降 55.64％。因此，当本书评价二氧化碳减排目标时，考虑省际碳泄漏问题是十分必要的。把考虑碳泄漏的方法应用到各个省份的碳减排目标评估，有助于研究各个省份二氧化碳排放强度削减目标的实际完成情况。这是进一步分析排放—经济间关系并提出碳减排措施的重要基础。

最后，为进一步研究发达地区对其他地区的碳排放影响，以 J 地区为研究案例，从地区和行业层面分析其碳减排目标实现造成的外部影响；运用结构分解模型（SDA）对 2002—2010 年 J 地区从其他省份流入隐含碳的变化进行驱动因素分析；为进一步研究 J 地区的国内贸易活动对全国二氧化碳排放总量的影响，本书假定 J 地区消费产品完全由 J 地区本地供给，通过虚拟情景对 J 地区的国内经济贸易活动对全国二氧化碳排放总量的影响进行了初步分析。结果表明：

2002—2010 年，J 地区净流入的贸易隐含碳逐渐增大。J 地区对其他地区基于最终使用的碳排放依存度从 2002 年的 29.63% 逐步上升至 2010 年的 56.51%，即 2010 年 J 地区由于最终需求而产生的碳排放当中，有一半以上是依靠其他地区的生产。2002—2010 年，J 地区的贸易隐含碳流入绝大部分来自河北、山西、内蒙古等周边地区，净流出的为广东、广西、福建等较为发达地区。2002—2010 年，J 地区流入隐含碳量增长较大的是内蒙古、河北、山东、山西等地区。

2002—2010 年，J 地区净流入贸易隐含碳所占比例最大的行业是电力、热力的生产和供应业(S22)，其次是非金属矿物制品业(S13)、金属冶炼及压延加工业(S14)、煤炭开采和洗选业(S2)和石油加工、炼焦及核燃料加工业(S11)；J 地区净流出贸易隐含碳所占比例最大的行业是住宿餐饮业(S27)和交通运输及仓储业(S25)。由此可见，碳排放系数较大的能源和加工业是 J 地区净流入隐含碳的行业类型，而碳排放系数较小的服务业和轻工制造业是 J 地区净流出隐含碳的行业类型。

通过虚拟情景，分析了 J 地区通过贸易对全国碳排放增加的影响。结果表明，2002 年、2007 年和 2010 年 J 地区通过全国其他省份净输入的产品所避免的本地碳排放总额分别是 1 682.76 万吨、3 023.11 万吨和 5 621.36 万吨，占到 J 地区当年二氧化碳排放总量的 21.10%、44.14% 和 79.34%。净流入贸易隐含碳的实际值均大于虚拟情景值，这说明 J 地区由于输入其他省份产品，对全国碳排放的增加量大于自身避免排放的二氧化碳总量，造成全国碳排放的增加。J 地区流入贸易隐含碳变化的结构分解分析表明，2002—2010 年 J 地区对其他地区输入产品的结构效应和其他地区的碳排放效率效应促使 J 地区流入贸易隐含碳减少，而 J 地区消费规模效应和其他地区技术效应促使 J 地区流入贸易隐含碳增加。因此，为减少 J 地区贸易隐含碳的流入，应该逐步提升其他地区的生产技术和碳减排技术。

J地区的碳排放贸易条件分析表明，J地区通过贸易降低本地区的隐含碳排放的趋势加强，倾向于输出相对碳清洁型产品而输入相对碳密集型产品。

二、研究创新点

(1)由于我国各个地区的产业之间存在密切复杂的经济关联及碳排放关联，因此精确到地区层面的产业之间的碳排放关联研究相比全国层面的行业整体研究，以及一个地区内部的产业之间的研究，更有利于识别能够精准控制的碳减排产业。现有研究多从全国层面，整体考察一个产业与另一个产业的关联，或在单个省份内部对产业之间的关联进行分析。对于重点碳减排产业的筛选，首先，现有研究多将前向关联和后向关联进行综合分析，由于两种关联表示的是产业链的前端和末端，具有不同的政策含义，因此有必要加以区别研究；其次，现有研究仅测度边际意义的碳排放关联，未能全面反映产业部门碳排放的绝对规模，故有必要从边际意义和绝对规模的角度综合测度产业之间的碳排放关联效应；另外，现有研究多考虑碳排放关联，或只考虑经济关联，由于我国作为发展中国家，产业结构优化和调整必须将经济和碳排放关联结合起来。本书基于地区层面产业间的关联，分别从前向关联（产业链前端）和后向关联方面（产业链末端）识别了国家层面碳减排目标下的省级重点碳减排部门，识别过程中将边际关联与绝对关联、经济关联与碳排放关联进行有机结合，研究结果可为国家层面的主要碳减排部门识别提供参考。

(2)对于我国自上而下分配的各地区二氧化碳强度减排目标，目前多从生产者责任角度对各省二氧化碳减排目标的实现情况进行评估。由于我国省际碳泄漏的客观存在，从生产者责任角度评估各省二氧化碳强度减排目标实现的有效性受到影响。本书通过研究我国省际贸易中隐含碳空间流动及时间变化情况，将某地区两年隐含碳净流入的变化量界定为该地区在省际贸易中的碳泄漏量，从碳泄漏视角对我国现有各省二氧化碳强度减排目标实现情况重新进行审视，并与现有基于生产的二氧化碳排放强度变化进行比较分析，发现部分省份通过消费其他地区的产品和服务向外转移了二氧化碳排放，进而实现了本地的生产性二氧化碳强度的减排目标，研究结果可为我国二氧化碳强度减排目标的有效评估提供依据。

（3）我国发达地区和欠发达地区的隐含碳转移状况及变化分析，可为我国碳减排的补偿制度提供参考。现有研究多从国家整体层面分析对外贸易中的隐含碳排放总量及变化趋势，或多对我国区域或省际贸易隐含碳流动状况进行描述分析。然而，对我国发达地区与欠发达地区之间隐含碳转移的研究较少，特别是针对单独一个处于产业链高端、生产知识和技术密集型产品的发达地区，对其在国内贸易中对其他地区的碳排放影响进行深入细致分析。本书以 J 地区为案例，从地区和行业层面分析其碳减排目标实现造成的外部影响，运用结构分解模型 SDA 研究其贸易隐含碳变化的影响因素，并通过虚拟情景对 J 地区的国内经济贸易活动对全国二氧化碳排放总量的影响进行了初步分析，通过假设 J 地区"自己消费，自己生产"，发现 J 地区通过与外部地区发生的国内贸易活动，增加了全国二氧化碳排放总量。研究结果可为科学研究区域经济一体化程度对国家二氧化碳排放总量的影响提供新的思路。

第二节　研究启示与对策建议

结合本书的研究结果，对重点碳减排部门与重点碳减排地区，我国省际碳泄漏问题以及各省碳减排目标的评估分别提出相应对策建议。

一、全国碳减排的重点部门和省份

首先，在进行产业结构调整之前，需对地区间与产业间的经济和碳排放关联进行研究。由于不同省份与不同部门之间存在紧密的经济和碳排放关联，某个地区的某个部门的产业结构调整不仅会对整个产业或整个地区的碳排放量造成影响，还会对全国的碳排放总量造成影响。因此，建议政策的制定者注意地区间与产业间的碳排放关联特征。一是基于省份间与部门间的经济和碳排放关联选择精确到省份的具体重点碳减排部门，以对全国的碳减排提供更为精确的政策措施。二是在筛选重点碳减排部门时，有必要将经济关联和碳排放关联结合起来，这对于处于不同发展阶段的省份采取不同的碳减排措施有更好的针对性。三是综合分析各个部门的边际意义和绝对意义的关联值，可充分反映各个部门碳减排的相对减排能力和绝对减排潜力。

其次，分别从后向关联（需求侧）和前向关联（供应侧），对全国整体碳减排目标下的省级层面的不同类型的重点部门采取不同措施进行碳减排。对于后向关联的碳减排部门，由于其处于产业链下游，有必要提高低碳的产业消费意识、优化消费结构和降低高碳产品消费；此外，鼓励选择具有低碳标签的产品供应商，以鼓励推广低碳技术。对于前向关联的碳减排部门，一方面应在产业链源头上推广低碳理念，发展低碳技术，以低碳原料和低碳中间投入，促进形成低碳的工业体系，实现低碳的产出；另一方面，调整和优化能源结构，例如开发清洁能源，使水能、风能、生物质能等能源品种多样化。

另外，我国需要进行全国共同碳减排行动，因为在一个省份实施的措施可能会通过碳排放关联对其他省份产生重大影响。一是加强省际供需链相互监管合作，大力控制和降低二氧化碳排放量。例如，产品供应商或买家可要求其合作伙伴提供二氧化碳的排放信息，并优先考虑低碳的合作伙伴。二是加强省际合作并提高能源利用效率。发达省份应继续发挥其节能技术领先优势，承担更多责任，协助帮助欠发达省份发展太阳能和风能等绿色能源。

最后，对不同类型的重点省份采取不同的减排措施。对于后向关联的重点碳减排省份，一方面要限制碳密集型产品的需求规模，通过税收和补贴以鼓励清洁产品消费；另一方面，各省份也可通过与低碳关联省份进行更多贸易以调整自身的消费结构，鼓励其供应商减少其碳关联，从而减轻他们对高碳排放产品投入的依赖。对于前向关联的重点碳减排省份，首先，建议通过技术改进，减少自身生产过程中的二氧化碳直接排放，调整产品生产结构，增加高附加值、低碳排放的产品；其次，要提高市场准入门槛，使碳密集型行业更难进入市场，而加快新能源等产业的发展。

二、我国各省碳减排目标的评估

首先，应将省际碳泄漏纳入我国各省碳减排目标实现的评估。目前，我国制定的各省碳减排目标是基于各省的减排能力以及地方政府和中央之间的协商结果进行确定的。但是，研究发现由于省际碳泄漏的存在，基于生产的二氧化碳排放强度变化和基于消费的计算结果间有较大差异，而且碳泄漏对于各省碳减排强度目标实现的影响越来越大。正如本书的研究结果显示，对于欠发达的省份来说，实现削减目标较为困难，而对于较为发达的省份，实现目标则较为容易。以往单一的从生产碳排放进行评估的方式需要进一步改进，应当从需求驱动生产的角度去处理生产者和消费者之间的关系。因此，需激励在省际贸易中的隐含碳流出省份通过改进生产技术等方式减少二氧化碳排放；而鼓励省际贸易中的隐含碳流入省份通过从碳排放强度低的省份进行消费的方式来减少引致的二氧化碳排放。总之，应当鼓励将包含碳泄漏的基于消费的二氧化碳排放强度目标纳入地方评价体系中，从而使各省政府可以负责任地完成削减目标。

然后，应加强对中西部省份碳排放控制的财政和技术支持。由于提供资源密集型产品的省份大多位于我国西南地区和中部地区，这些省份目前仍处于工业化和基础设施建设过程中，因此建议中央政府对这些省份提供相应的财政支持。目前，由于经济增长的差异，西部欠发达省份和东部发达省份的二氧化碳排放效率水平存在差异。研究结果显示，碳排放从发达省份向欠发达省份泄漏，这会导致我国对于二氧化碳减排目标的达成缺乏效率。为了帮助能效较低的省份减少碳排放量，发达省份需为所转移的碳排放量承担一定责任，并提供适当的财政、技术和管理支持，以帮助这些省份进行碳排放控制。目前，我国欠发达的省份缺少发展先进生产技术的资金，而发达省份更有能力去采用先进的技术。而且，并不像国际上发达国家与发展中国家那样，我国省际不存在技术和劳动力流转等方面的阻碍。因此，中国政府应鼓励发达省份向欠发达省份的技术转移及资本投资，同时也要加快发达省份的技术创新。出台更多能够降低欠发达省份的碳排放强度，以提高其低碳生产能力的政策，作为目前关于碳减排政策的补充。同时，生产的专业化对区域间隐含碳的流动及碳减排效率的提高将发挥更突出的作用。

另外，通过经济手段降低各省份的碳排放强度。需要通过经济激励型的政策来推进技术创新，从而确保欠发达省份碳密集行业的能源效率提升。淘汰落后产能，为低碳技术企业提供税费优惠，对技术创新投资给予高回报和长期回报是一些可行的建议。另外，有助于增强发达国家和发展中国家在减排方面合作的机制，例如，《京都议定书》中的清洁发展机制（CDM）和联合履行机制（JI），也可以作为我国省际合作的参考模式。本书的研究结论为区域间隐含碳泄漏的结果可以作为确定各省份之间的碳减排合作的制定依据。由于较为发达的省份在国内省际贸易中的大量隐含碳排放，需要担负更多的碳减排责任，同时由于它们较好的经济条件和先进的生产及减排技术，发达省份也需要在减排当中扮演更为重要的角色。

三、我国省际层面碳泄漏控制

首先，政策制定者应从消费角度审视各个省份二氧化碳排放的驱动力，并在制定二氧化碳排放控制措施时考虑贸易中隐含碳的影响。现有的二氧化碳排放量核算和控制政策遵循了基于生产的属地原则，忽略了伴随省际贸易产生的隐含碳流量。研究结果显示，内蒙古、河北、山西等省份为了满足 J 地区的消费需求而产生了大量的碳排放，却需为减少这部分二氧化碳排放量负责。而事实上，J 地区对于电力和热力的生产和供应业（S22）、非金属矿物制品业（S13）、金属冶炼及压延加工业（S14）、煤炭开采和洗选业（S2）以及石油加工、炼焦及核燃料加工业(S11)的最终需求是内蒙古、河北、山西等省份碳排放增加的驱动力，J 地区应对其引起的碳排放增量承担相应责任。

其次，采取措施减少省际贸易中的碳泄漏对各省份碳减排的影响。J 地区等发达地区不仅通过技术改进和严格的环境标准降低了当地的二氧化碳排放量，而且在一定程度上通过省际贸易中的隐含碳排放量的转移实现减排。研究表明，J 地区在 2002 年至 2010 年通过省际贸易将大量二氧化碳排放量转移到其他省份，并且这种趋势预计将持续下去。然而，贸易只是重新分配各省份的二氧化碳排放量，而未在全国层面真正减少碳排放总量。另外，考虑到中西部省份的生产技术水平较差，二氧化碳排放强度较高，省际贸易可能会增加全国的二氧化碳排放总量。因此，无论是采用总量控制目标还是碳强度控制目标，都建议在各省份之间合理分配二氧化碳减排目标，并考虑省际贸易的影响，防止发达省份将二氧化碳排放量转移给其他省份，避免中国面临二氧化碳减排总量的困难。

另外，生产链的消费结构需要适度调整。随着我国步入以增长速度放缓和结构调整为特征的"新常态"发展时期，我们应抓住机遇，不仅调整产业结构，而且调整消费结构，以控制增长的碳排放密集型行业。建立以低碳为特征的产业体系和消费模式，通过征收碳税等激励方式，改善各地区产业链的最终产品需求结构，提升低碳产业链的产品在消费中的比重。例如，调整 J 地区输入其他地区的产品结构，增加输入隐含碳较少的行业如批发零售业、住宿餐饮业(S27)等，以及碳排放系数较小的行业，如纺织服装鞋帽皮革羽绒及其制品业(S8)，电气设备和机械(S18)，仪器、仪表、文化和办公机械(S20)等。

第三节　研究不足与展望

(1)鉴于我国区域间投入产出(MRIO)表的限制，本书使用不同研究机构的不同年份的投入产出表进行比较分析。由于 MRIO 表的编制十分依赖引力模型得到的贸易流量矩阵，而不同研究得到的投入产出表存在差异，会对结果产生一定影响，因此基于此进行的隐含碳计算结果具有一定的局限性。随着投入产出表的不断完善，在下一步的研究中将使用更为系统的MRIO表进行分析。

（2）受我国 MRIO 表发表数据时滞的限制，本书仅能基于2002 年、2007 年、2010 年及 2012 年 MRIO 表，有关研究结论仅可对我国的贸易发展和碳减排协调有关政策提供参考，具体政策的制定还需要结合当下实际情况来分析。未来，可基于更新的 MRIO 表对我国的省际贸易隐含碳进行进一步分析。

（3）本书针对贸易中隐含碳排放进行研究，缺少对于不同省份和不同产业的隐含碳减排责任分配研究。无论在省际层面还是产业层面，如何基于生产者和消费者共同付费的原则，探讨公平合理的贸易隐含碳责任分配方案，如何制定碳减排政策应对碳泄漏等有关问题，是下一步的应用研究方向。

附　录

附表 1　Ceads 数据库与投入产出表部门分类与合并

编号	27 部门(本书所采用)	Ceads 数据库(45 部门)	投入产出表(30 部门)
1	农林牧渔业	农林牧渔业	农林牧渔业
2	煤炭开采和洗选业	煤炭开采和洗选业	煤炭开采和洗选业
3	石油和天然气开采业	石油和天然气开采业	石油和天然气开采业
4	金属矿采选业	黑色金属矿采选业、有色金属矿业和调料	金属矿采选业
5	非金属矿及其他矿采选业	非金属矿采选业、其他矿采选业	非金属矿及其他矿采选业
6	食品制造及烟草加工业	食品加工、食品生产、饮料制造业、烟草加工业	食品制造及烟草加工业
7	纺织业	纺织工业	纺织业
8	纺织服装鞋帽皮革羽绒及其制品业	纺织服装、皮革、毛皮及相关产品	纺织服装鞋帽皮革羽绒及其制品业
9	木材加工及家具制造业	木材加工、家具制造业、运输木材和竹子	木材加工及家具制造业
10	造纸印刷及文教体育用品制造业	造纸及纸制品业、印刷业、文化、教育和体育的文章	造纸印刷及文教体育用品制造业
11	石油加工、炼焦及核燃料加工业	石油加工及炼焦业	石油加工、炼焦及核燃料加工业
12	化学工业	化学原料及制品制造产业、医药制造业、化学纤维、橡胶制品、塑料制品	化学工业
13	非金属矿物制品业	非金属矿物制品业	非金属矿物制品业
14	金属冶炼及压延加工业	黑色金属冶炼及压延加工业、有色金属冶炼及压延加工业	金属冶炼及压延加工业

编号	27部门（本书所采用）	Ceads数据库（45部门）	投入产出表（30部门）
15	金属制品业	金属产品	金属制品业
16	通用、专用设备制造业	普通机械制造业、专用设备制造业	通用、专用设备制造业
17	交通运输设备制造业	运输设备	交通运输设备制造业
18	电气机械及器材制造业	电气机械及器材制造业	电气机械及器材制造业
19	通信设备、计算机及其他电子设备制造业	通信设备	通信设备、计算机及其他电子设备制造业
20	仪器仪表及文化办公用机械制造业	仪器、仪表、文化办公用机械	仪器仪表及文化办公用机械制造业
21	其他制造业	其他制造业、废物处理	其他制造业
22	电力、热力的生产和供应业	生产和供应的电力、蒸汽和热水	电力、热力的生产和供应业
23	燃气及水的生产与供应业	燃气生产和供应业、自来水的生产和供应	燃气及水的生产与供应业
24	建筑业	建筑物	建筑业
25	交通运输及仓储业	运输、仓储、邮电服务	交通运输及仓储业
26	批发零售及餐饮业	批发、零售贸易和餐饮服务	批发零售业、住宿餐饮业
27	其他服务业	其他	租赁和商业服务业、研究与试验发展业、其他服务业

附表 2　研究中的行政区域

序号	行政区域	序号	行政区域
1	北京	16	河南
2	天津	17	湖北
3	河北	18	湖南
4	山西	19	广东
5	内蒙古	20	广西
6	辽宁	21	海南
7	吉林	22	重庆
8	黑龙江	23	四川
9	上海	24	贵州
10	江苏	25	云南
11	浙江	26	陕西
12	安徽	27	甘肃
13	福建	28	青海
14	江西	29	宁夏
15	山东	30	新疆
注：西藏、香港、澳门、台湾均不在此列			

附表3　2010年我国30省市地区间后向碳排放关联度(%)

地区	北京	天津	河北	山西	内蒙古	辽宁	吉林	黑龙江	上海	江苏
北京	45.59	0.36	0.11	0.07	0.09	0.05	0.05	0.07	0.24	0.10
天津	1.64	60.94	0.75	0.21	0.26	0.35	0.39	0.67	0.79	0.78
河北	10.74	7.07	71.92	1.44	2.09	2.89	2.18	2.51	5.36	4.20
山西	6.45	3.53	7.50	91.30	0.69	0.67	1.39	0.64	2.45	2.64
内蒙古	10.81	6.18	3.18	0.78	89.97	3.14	17.82	3.30	3.73	1.46
辽宁	2.40	2.45	3.04	0.43	0.84	84.41	4.46	4.82	0.92	0.98
吉林	1.58	1.91	0.85	0.38	0.43	2.21	61.22	4.72	0.49	0.41
黑龙江	0.93	0.69	0.54	0.22	0.39	1.66	6.68	78.33	0.50	0.44
上海	0.95	0.90	0.27	0.20	0.33	0.15	0.11	0.26	49.02	0.26
江苏	2.52	1.99	2.03	0.57	0.75	0.84	0.53	0.88	4.24	73.16
浙江	1.04	0.81	0.43	0.25	0.25	0.28	0.29	0.30	4.49	0.70
安徽	0.97	0.86	0.48	0.22	0.21	0.19	0.21	0.21	2.07	3.00
福建	0.44	0.28	0.15	0.09	0.10	0.08	0.09	0.09	0.73	0.30
江西	0.40	0.26	0.13	0.09	0.12	0.13	0.18	0.12	0.96	0.44
山东	2.45	2.83	2.14	0.68	0.86	0.90	2.69	1.00	5.66	2.01
河南	2.06	1.69	2.02	0.47	0.50	0.53	0.44	0.49	4.52	3.01
湖北	0.77	0.73	0.30	0.16	0.23	0.14	0.12	0.17	4.50	0.41
湖南	0.50	0.31	0.20	0.12	0.13	0.13	0.09	0.14	0.77	0.38
广东	0.98	0.74	0.52	0.27	0.30	0.18	0.21	0.28	1.26	0.70
广西	0.44	0.36	0.19	0.09	0.11	0.11	0.06	0.11	0.56	0.29
海南	0.08	0.05	0.04	0.02	0.03	0.02	0.02	0.01	0.04	0.05
重庆	0.55	0.44	0.17	0.17	0.10	0.05	0.05	0.06	0.29	0.15
四川	0.53	0.51	0.32	0.20	0.19	0.20	0.10	0.15	0.77	0.40
贵州	0.44	0.43	0.26	0.13	0.12	0.10	0.08	0.10	0.70	0.38
云南	0.39	0.28	0.18	0.10	0.10	0.08	0.06	0.07	0.49	0.27
陕西	1.24	0.95	0.46	0.33	0.37	0.19	0.17	0.18	2.40	1.65
甘肃	1.01	0.60	0.56	0.54	0.12	0.10	0.08	0.08	0.89	0.61
青海	0.16	0.15	0.09	0.02	0.03	0.03	0.03	0.03	0.23	0.12
宁夏	0.96	0.96	0.92	0.19	0.10	0.10	0.06	0.10	0.32	0.26
新疆	0.97	0.72	0.27	0.24	0.20	0.11	0.15	0.10	0.62	0.44
总计	100.00	100.00	100.00	100.00	100.00	100.00	100.00	100.00	100.00	100.00
本省	45.59	60.94	71.92	91.30	89.97	84.41	61.22	78.33	49.02	73.16
非本省	54.41	39.06	28.08	8.70	10.03	15.59	38.78	21.67	50.98	26.84

续表

地区	浙江	安徽	福建	江西	山东	河南	湖北	湖南	广东	广西
北京	0.10	0.16	0.17	0.10	0.04	0.06	0.04	0.04	0.10	0.13
天津	0.90	0.65	0.30	0.29	0.18	0.26	0.18	0.23	0.54	0.26
河北	5.27	4.04	1.46	0.91	2.10	2.03	1.25	0.96	2.16	1.10
山西	1.94	1.65	0.70	0.57	5.09	1.38	1.46	0.72	2.99	0.56
内蒙古	1.90	1.37	0.83	0.49	4.35	0.97	0.72	0.53	1.69	0.65
辽宁	0.91	0.80	0.37	0.42	0.40	0.48	0.28	0.27	1.02	0.43
吉林	0.28	0.41	0.20	0.15	0.31	0.23	0.13	0.13	0.65	0.17
黑龙江	0.46	0.56	0.20	0.18	1.79	0.27	0.22	0.32	0.64	0.25
上海	0.34	0.42	0.43	0.22	0.11	0.18	0.10	0.13	0.35	0.26
江苏	6.44	2.70	0.92	2.58	0.70	1.52	0.87	0.87	1.42	0.65
浙江	62.03	0.94	0.84	0.72	2.00	0.34	0.29	0.43	1.19	0.57
安徽	2.20	75.61	0.60	1.23	0.24	0.43	0.41	0.36	0.50	0.22
福建	0.48	0.36	83.73	0.38	0.05	0.12	0.13	0.40	0.99	0.32
江西	0.89	0.62	1.08	73.60	0.06	0.14	0.27	0.91	1.59	0.39
山东	1.66	1.76	0.76	0.55	76.73	0.84	0.49	0.51	1.26	0.74
河南	3.65	2.40	1.04	1.74	2.35	83.43	2.64	1.71	2.41	1.04
湖北	0.59	0.42	0.60	3.75	1.30	0.26	87.10	2.07	1.12	0.54
湖南	0.90	0.51	0.66	0.47	0.20	0.21	0.61	81.57	2.03	0.80
广东	2.03	0.83	1.23	2.99	0.21	2.39	0.69	1.90	59.36	2.10
广西	0.69	0.29	0.52	1.01	0.08	0.45	0.16	0.67	3.05	83.34
海南	0.05	0.06	0.04	0.02	0.01	0.03	0.02	0.03	0.25	0.13
重庆	0.17	0.23	0.19	0.31	0.11	0.19	0.10	0.23	1.32	0.47
四川	0.65	0.31	0.43	1.62	0.67	0.39	0.26	1.00	1.83	0.78
贵州	0.71	0.34	0.49	3.46	0.15	1.76	0.20	1.62	3.35	2.03
云南	0.74	0.29	0.72	0.36	0.09	0.26	0.13	0.47	5.08	0.80
陕西	1.72	1.26	0.85	0.79	0.24	0.53	0.68	1.17	1.43	0.64
甘肃	1.05	0.29	0.19	0.73	0.12	0.37	0.16	0.32	0.51	0.18
青海	0.22	0.09	0.07	0.04	0.04	0.08	0.05	0.07	0.37	0.06
宁夏	0.26	0.17	0.10	0.16	0.11	0.15	0.07	0.08	0.26	0.10
新疆	0.80	0.46	0.28	0.16	0.14	0.27	0.28	0.30	0.54	0.29
总计	100.00	100.00	100.00	100.00	100.00	100.00	100.00	100.00	100.00	100.00
本省	62.03	75.61	83.73	73.60	76.73	83.43	87.10	59.36	59.36	83.34
非本省	37.97	24.39	16.27	26.40	23.27	16.57	12.90	40.64	40.64	16.66

地区	海南	重庆	四川	贵州	云南	陕西	甘肃	青海	宁夏	新疆
北京	0.15	0.05	0.03	0.11	0.13	0.09	0.05	0.07	0.05	0.08
天津	0.17	0.31	0.37	0.31	0.34	0.57	0.44	0.41	0.46	0.69
河北	0.53	0.97	1.11	0.92	1.17	3.50	1.05	1.10	1.58	1.54
山西	0.25	0.34	0.37	0.38	0.52	1.23	0.47	0.68	0.57	0.57
内蒙古	0.53	0.44	0.44	0.42	0.64	1.75	1.76	1.21	1.34	0.70
辽宁	0.26	0.33	0.30	0.32	0.43	0.67	1.51	1.22	0.46	0.43
吉林	0.17	0.10	0.09	0.13	0.17	0.22	0.14	0.15	0.23	0.23
黑龙江	0.15	0.14	0.15	0.16	0.23	0.24	0.29	0.28	0.20	0.14
上海	0.29	0.12	0.12	0.19	0.36	0.25	0.11	0.23	0.15	0.19
江苏	0.28	0.53	0.56	0.42	0.78	1.94	2.81	1.27	1.07	1.88
浙江	0.29	0.22	0.26	0.35	0.49	0.51	0.39	0.26	0.19	0.25
安徽	0.14	0.19	0.15	0.17	0.21	0.45	0.28	0.20	0.20	0.24
福建	0.10	0.10	0.10	0.14	0.19	0.21	0.12	0.09	0.08	0.15
江西	0.29	0.18	0.11	0.16	0.32	0.19	0.09	0.08	0.14	0.08
山东	0.33	0.39	0.54	0.40	0.67	2.34	0.89	0.65	1.10	0.87
河南	0.52	0.96	0.74	0.58	0.70	5.14	1.52	0.92	1.14	2.53
湖北	0.32	0.43	0.24	0.25	0.37	0.91	0.17	0.20	0.18	0.23
湖南	0.78	0.33	0.34	0.57	0.60	0.37	0.13	0.12	0.13	0.11
广东	1.02	1.42	0.67	1.30	1.57	0.71	0.39	0.50	0.31	0.32
广西	0.43	0.63	0.19	0.72	0.89	0.26	0.10	0.07	0.08	0.09
海南	90.49	0.03	0.03	0.04	0.05	0.02	0.02	0.04	0.02	0.01
重庆	0.14	83.75	0.53	0.44	0.66	0.21	0.13	0.08	0.08	0.08
四川	0.32	4.21	89.48	0.92	0.91	1.11	0.27	0.24	0.22	0.22
贵州	0.37	1.61	0.90	88.50	2.10	0.35	0.12	0.11	0.14	0.14
云南	0.26	0.88	0.37	1.24	84.33	0.26	0.19	0.08	0.14	0.23
陕西	0.48	0.67	0.92	0.46	0.58	75.01	0.99	0.55	0.44	0.39
甘肃	0.10	0.32	0.29	0.12	0.16	0.67	77.44	9.80	1.84	0.23
青海	0.03	0.08	0.15	0.05	0.06	0.15	1.34	76.28	0.13	0.04
宁夏	0.07	0.08	0.11	0.08	0.08	0.33	4.60	1.86	86.52	0.49
新疆	0.72	0.20	0.35	0.18	0.29	0.33	2.20	1.26	0.79	86.86
总计	100.00	100.00	100.00	100.00	100.00	100.00	100.00	100.00	100.00	100.00
本省	90.49	83.75	89.48	88.50	84.33	75.01	77.44	76.28	86.52	86.86
非本省	9.51	16.25	10.52	11.50	15.67	24.99	22.56	23.72	13.48	13.14

附表 4　2010 年我国 30 省市地区间前向碳排放关联度(%)

地区	北京	天津	河北	山西	内蒙古	辽宁	吉林	黑龙江	上海	江苏
北京	80.03	0.95	2.22	1.11	1.25	1.14	0.57	0.39	0.88	1.55
天津	0.93	62.92	5.35	1.50	1.71	2.19	0.88	0.66	1.01	6.52
河北	0.59	1.18	76.80	1.39	1.77	1.72	0.73	0.44	1.22	2.79
山西	0.47	0.92	11.35	68.13	0.48	0.44	0.48	0.09	0.77	3.11
内蒙古	0.75	1.25	3.30	0.54	73.23	3.46	3.96	0.56	1.65	1.22
辽宁	0.22	0.38	2.04	0.38	0.76	87.40	1.87	1.06	0.24	0.95
吉林	0.28	0.42	1.29	0.59	0.63	4.85	82.63	3.06	0.26	0.93
黑龙江	0.27	0.25	1.11	0.43	0.69	5.25	8.97	75.53	0.25	0.94
上海	0.63	0.80	2.25	1.26	2.12	1.30	0.62	0.68	76.29	1.99
江苏	0.25	0.31	1.67	0.54	1.15	0.91	0.35	0.28	0.75	82.53
浙江	0.22	0.31	1.11	0.52	0.66	0.51	0.36	0.20	1.38	1.82
安徽	0.28	0.37	1.39	0.66	0.88	0.56	0.36	0.20	1.33	4.94
福建	0.16	0.20	0.68	0.29	0.34	0.36	0.18	0.11	0.51	1.43
江西	0.21	0.26	0.82	0.47	0.61	0.54	0.48	0.21	0.90	2.70
山东	0.16	0.32	1.69	0.41	0.49	0.54	0.84	0.17	1.53	1.64
河南	0.16	0.27	1.57	0.41	0.62	0.50	0.23	0.13	1.04	2.45
湖北	0.13	0.19	0.49	0.19	0.28	0.20	0.10	0.07	1.06	0.56
湖南	0.11	0.14	0.60	0.32	0.34	0.35	0.13	0.10	0.37	1.11
广东	0.30	0.38	1.51	0.62	0.99	0.61	0.37	0.22	0.71	1.81
广西	0.15	0.21	0.66	0.27	0.30	0.30	0.11	0.10	0.35	0.85
海南	0.22	0.23	1.45	0.51	0.50	0.55	0.34	0.10	0.32	1.19
重庆	0.29	0.38	1.01	0.61	0.50	0.32	0.18	0.11	0.39	0.69
四川	0.09	0.15	0.63	0.25	0.33	0.33	0.10	0.07	0.31	0.61
贵州	0.10	0.17	0.58	0.24	0.25	0.17	0.08	0.06	0.30	0.70
云南	0.08	0.11	0.39	0.14	0.20	0.14	0.06	0.04	0.18	0.44
陕西	0.36	0.50	1.67	0.80	1.28	0.57	0.31	0.16	2.03	4.50
甘肃	0.24	0.35	1.70	0.71	0.46	0.35	0.19	0.08	0.69	1.99
青海	0.14	0.31	1.09	0.23	0.30	0.29	0.15	0.08	0.44	1.34
宁夏	0.22	0.37	1.58	0.46	0.35	0.27	0.11	0.08	0.25	0.72
新疆	0.17	0.19	0.66	0.23	0.43	0.23	0.14	0.05	0.27	0.95
总计	88.23	74.79	128.65	84.18	93.97	116.37	105.87	85.08	97.66	134.94
本省	80.03	62.92	76.80	68.13	73.23	87.40	82.63	75.53	76.29	82.53
非本省	8.20	11.87	51.86	16.05	20.75	28.96	23.24	9.55	21.37	52.41

地区	浙江	安徽	福建	江西	山东	河南	湖北	湖南	广东	广西
北京	0.82	1.23	0.46	0.25	1.07	0.98	0.37	0.28	0.92	0.44
天津	2.87	1.74	0.37	0.42	1.62	1.39	0.58	0.57	1.58	0.31
河北	1.07	1.18	0.37	0.20	1.80	1.42	0.56	0.31	1.39	0.26
山西	1.91	0.88	0.31	0.14	2.29	2.07	0.93	0.36	3.96	0.08
内蒙古	1.08	0.65	0.31	0.13	1.64	1.13	0.48	0.25	1.54	0.20
辽宁	0.55	0.45	0.12	0.09	0.47	0.41	0.16	0.12	0.97	0.12
吉林	0.42	0.37	0.12	0.09	0.78	0.45	0.17	0.13	1.43	0.12
黑龙江	0.57	0.42	0.10	0.09	1.87	0.56	0.26	0.35	1.00	0.11
上海	1.23	1.38	0.55	0.30	1.26	1.22	0.37	0.45	1.42	0.39
江苏	3.22	1.24	0.22	0.32	0.98	1.09	0.22	0.30	0.75	0.16
浙江	84.14	1.19	0.39	0.24	1.86	0.65	0.23	0.45	1.51	0.30
安徽	3.79	79.24	0.37	0.36	1.02	0.92	0.27	0.35	0.83	0.18
福建	0.87	0.85	88.12	0.28	0.36	0.50	0.24	0.66	2.02	0.34
江西	1.62	1.36	1.29	75.75	0.52	0.81	0.96	2.23	4.99	0.80
山东	0.80	0.75	0.21	0.09	86.71	0.63	0.22	0.19	0.94	0.16
河南	1.60	0.98	0.32	0.28	1.33	81.53	0.91	0.65	1.89	0.25
湖北	0.42	0.26	0.21	1.05	1.69	0.36	89.23	1.09	0.77	0.29
湖南	0.76	0.60	0.37	0.22	0.52	0.52	0.46	87.71	2.12	0.79
广东	2.12	1.19	0.84	0.93	0.80	2.56	0.65	1.81	73.44	1.65
广西	0.72	0.41	0.32	0.55	0.37	1.33	0.28	0.59	3.32	85.13
海南	0.78	1.00	0.18	0.12	0.38	0.68	0.26	0.39	3.45	1.27
重庆	0.40	0.53	0.20	0.20	0.67	0.74	0.21	0.29	2.71	0.47
四川	0.43	0.22	0.16	0.58	1.17	0.67	0.20	0.56	1.86	0.39
贵州	0.52	0.26	0.22	0.62	0.38	1.78	0.18	0.64	4.07	2.42
云南	0.43	0.24	0.21	0.11	0.25	0.43	0.13	0.23	4.33	0.44
陕西	2.38	1.44	0.55	0.42	0.93	1.63	1.00	1.12	2.58	0.48
甘肃	1.35	0.65	0.17	0.35	0.44	0.99	0.40	0.41	1.15	0.20
青海	0.87	0.38	0.14	0.10	0.80	0.62	0.24	0.26	1.51	0.14
宁夏	0.36	0.28	0.10	0.10	0.46	0.42	0.12	0.09	0.46	0.10
新疆	0.67	0.40	0.11	0.08	0.27	0.40	0.24	0.20	0.68	0.17
总计	118.76	101.77	97.39	84.50	114.72	0.65	100.56	103.04	129.58	98.17
本省	84.14	79.24	88.12	75.75	86.71	81.53	89.23	73.44	73.44	85.13
非本省	34.62	22.53	9.27	8.75	28.02	−80.88	11.33	29.60	56.14	13.04

地区	海南	重庆	四川	贵州	云南	陕西	甘肃	青海	宁夏	新疆
北京	0.06	0.17	0.24	0.64	0.65	0.44	0.20	0.07	0.21	0.41
天津	0.04	0.26	0.58	0.48	0.60	0.68	0.50	0.18	0.35	1.23
河北	0.02	0.14	0.37	0.29	0.38	0.61	0.20	0.07	0.24	0.48
山西	0.01	0.05	0.11	0.08	0.13	0.19	0.07	0.03	0.06	0.09
内蒙古	0.03	0.09	0.20	0.13	0.26	0.52	0.73	0.12	0.39	0.21
辽宁	0.01	0.08	0.13	0.13	0.21	0.17	0.22	0.07	0.09	0.13
吉林	0.02	0.06	0.10	0.13	0.18	0.14	0.07	0.03	0.04	0.15
黑龙江	0.01	0.07	0.15	0.11	0.18	0.16	0.09	0.04	0.08	0.11
上海	0.06	0.19	0.41	0.47	0.79	0.57	0.20	0.10	0.22	0.47
江苏	0.02	0.11	0.26	0.16	0.29	0.56	0.39	0.08	0.17	0.71
浙江	0.04	0.12	0.26	0.31	0.42	0.34	0.14	0.04	0.10	0.20
安徽	0.02	0.10	0.22	0.19	0.24	0.37	0.14	0.05	0.15	0.21
福建	0.02	0.09	0.26	0.20	0.28	0.25	0.09	0.02	0.06	0.22
江西	0.12	0.30	0.38	0.29	0.58	0.30	0.11	0.03	0.16	0.20
山东	0.01	0.08	0.19	0.11	0.21	0.44	0.12	0.03	0.11	0.22
河南	0.03	0.15	0.29	0.17	0.23	0.96	0.21	0.05	0.17	0.61
湖北	0.04	0.14	0.26	0.13	0.19	0.39	0.05	0.02	0.05	0.11
湖南	0.25	0.21	0.49	0.37	0.49	0.24	0.07	0.02	0.09	0.10
广东	0.49	0.71	0.95	1.19	1.77	0.55	0.23	0.09	0.17	0.32
广西	1.01	0.52	0.33	0.54	0.72	0.23	0.07	0.01	0.06	0.11
海南	84.04	0.14	0.44	0.31	0.47	0.19	0.16	0.06	0.09	0.16
重庆	0.03	85.68	1.14	0.58	0.96	0.29	0.12	0.03	0.11	0.16
四川	0.04	2.53	86.50	0.49	0.50	0.51	0.10	0.03	0.08	0.12
贵州	0.08	1.17	1.31	81.37	1.92	0.20	0.06	0.01	0.05	0.08
云南	0.04	0.35	0.34	0.48	89.74	0.15	0.07	0.01	0.06	0.18
陕西	0.05	0.55	1.19	0.43	0.70	70.84	0.69	0.13	0.28	0.41
甘肃	0.03	0.20	0.55	0.17	0.29	0.48	81.80	1.91	1.47	0.21
青海	0.01	0.19	0.96	0.14	0.22	0.49	5.89	82.12	0.24	0.32
宁夏	0.02	0.05	0.19	0.11	0.13	0.25	5.25	0.34	86.36	0.41
新疆	0.04	0.10	0.51	0.11	0.26	0.34	2.13	0.39	0.21	89.37
总计	86.69	94.61	0.97	90.32	104.01	81.86	100.18	86.21	91.97	97.72
本省	84.04	85.68	86.50	81.37	89.74	70.84	81.80	82.12	86.36	89.37
非本省	2.65	8.93	−85.53	8.95	14.27	11.02	18.37	4.09	5.61	8.35

附表5 2002—2007 年我国 30 省市地区间碳泄漏(万吨)

地区	北京	天津	河北	山西	内蒙古	辽宁	吉林	黑龙江	上海	江苏
北京	−919.31									
天津	−15.22	1 169.01								
河北	1 708.35	1 633.77	8 441.09							
山西	352.98	469.22	1 352.37	2023.95						
内蒙古	538.45	1 337.04	885.01	83.38	4 508.52					
辽宁	167.91	437.51	223.00	223.93	−403.23	7 336.84				
吉林	76.97	342.19	−95.28	−228.25	−4 515.93	−674.67	5 215.25			
黑龙江	67.84	50.19	−472.76	−78.25	−791.46	−1 010.61	331.68	2 130.73		
上海	−69.11	−15.33	−1 367.24	−305.36	−547.84	−258.49	−195.91	−39.85	310.25	
江苏	195.14	130.63	−996.97	−348.33	−144.88	−174.60	100.19	121.10	1 080.43	3 505.79
浙江	−88.91	−192.49	−2 096.62	−516.28	−395.70	−18.23	116.33	−112.55	1 309.47	−1 800.88
安徽	−37.56	89.06	−491.82	−181.16	−196.79	−141.40	−11.65	−74.24	424.73	462.59
福建	17.05	−3.11	−187.15	−81.86	−119.79	−16.84	37.85	16.35	79.10	−80.22
江西	−22.06	−15.32	−207.00	−61.09	−77.44	−60.64	5.82	−26.95	136.37	−548.79
山东	639.63	711.91	2 201.42	2 015.14	−1 571.12	829.93	1 035.32	−294.70	1 457.00	1 061.39
河南	272.69	340.69	208.39	−167.44	−176.28	−190.24	18.57	63.13	1 077.42	727.07
湖北	−47.16	83.22	−325.65	−60.91	−57.69	−61.47	−4.00	−17.47	915.62	−163.33
湖南	116.80	72.89	−45.96	20.31	113.44	−22.08	39.24	−1.52	163.44	−124.32
广东	106.97	−22.02	−611.46	−296.41	11.31	−274.27	214.20	−63.15	218.61	−349.67
广西	135.54	68.38	−57.44	138.15	108.12	6.63	36.37	8.39	78.51	−12.47
海南	44.24	19.92	58.89	29.32	21.46	24.45	27.25	17.96	16.51	33.69
重庆	−256.43	−258.41	−167.78	66.21	51.49	−104.19	−94.44	−59.43	−52.23	−336.03
四川	45.64	−28.03	−357.36	−27.48	−56.78	−123.01	36.56	−28.55	66.15	−232.44
贵州	−52.64	32.14	−120.81	−33.60	−51.89	−126.00	−5.73	−42.88	145.07	0.82
云南	18.75	17.24	−130.68	25.00	−49.96	−80.08	21.68	−23.55	50.80	−13.35
陕西	142.72	123.66	−227.40	−101.76	−91.48	−141.63	42.29	−26.95	307.83	−30.33
甘肃	87.76	40.17	59.37	81.59	−50.50	−115.38	15.02	−12.31	147.90	−69.10
青海	−4.28	−8.29	67.94	34.99	29.90	−34.46	19.34	2.88	18.49	−5.36
宁夏	213.36	181.19	352.25	137.00	138.26	40.32	88.43	57.68	123.48	124.23
新疆	179.73	63.52	−299.43	−70.62	−120.51	−108.89	34.51	−0.20	154.31	−307.76

续表

地区	浙江	安徽	福建	江西	山东	河南	湖北	湖南	广东	广西
北京										
天津										
河北										
山西										
内蒙古										
辽宁										
吉林										
黑龙江										
上海										
江苏										
浙江	6 130.72									
安徽	535.55	3 683.20								
福建	78.21	−3.42	3 431.56							
江西	75.24	−180.78	6.63	4 754.78						
山东	120.66	506.73	167.84	198.88	14 419.40					
河南	1 841.60	363.74	150.85	529.28	417.97	2 269.30				
湖北	37.09	−40.02	44.33	824.92	359.36	−655.99	3 043.71			
湖南	288.78	165.17	29.13	70.60	−266.79	−313.03	−177.38	6 800.10		
广东	517.21	112.94	−132.48	470.08	−468.74	−362.25	−158.03	−653.74	4 758.73	
广西	130.68	67.23	21.76	222.20	−155.20	−85.70	24.51	−102.36	539.02	2 993.54
海南	34.80	31.27	11.31	20.83	26.97	27.91	29.47	1.34	84.98	60.11
重庆	−133.03	5.72	−68.57	−9.24	−221.45	−239.67	−137.12	−78.83	7.07	−304.77
四川	107.46	48.01	27.10	325.35	−127.85	−307.71	−24.96	18.90	264.75	5.91
贵州	171.13	11.82	52.02	779.40	−146.99	347.26	−36.94	72.37	968.48	45.39
云南	366.69	50.65	126.89	104.23	−114.83	−34.98	5.92	−32.42	1 745.05	−53.52
陕西	462.59	213.93	91.11	103.58	−598.67	−853.61	−17.36	68.15	327.09	77.95
甘肃	384.66	19.70	−8.69	106.94	−101.75	−97.63	11.23	24.36	76.31	−8.06
青海	74.63	49.39	8.65	19.75	8.34	9.44	27.82	25.05	45.42	6.68
宁夏	212.53	86.19	40.55	51.90	33.10	−21.74	68.66	−11.04	98.36	52.38
新疆	225.63	43.77	3.42	39.20	−223.32	−688.70	4.37	−8.85	140.53	24.20

续表

地区	海南	重庆	四川	贵州	云南	陕西	甘肃	青海	宁夏	新疆
北京										
天津										
河北										
山西										
内蒙古										
辽宁										
吉林										
黑龙江										
上海										
江苏										
浙江										
安徽										
福建										
江西										
山东										
河南										
湖北										
湖南										
广东										
广西										
海南	1 240.20									
重庆	−62.98	2 452.35								
四川	−26.07	488.49	3 674.45							
贵州	−26.97	205.72	101.55	2 495.78						
云南	−12.26	109.24	76.58	−8.42	262.74					
陕西	−9.00	234.52	119.00	93.80	21.47	1 494.46				
甘肃	−15.05	86.87	65.04	29.94	−2.26	−59.36	887.56			
青海	−6.67	77.11	39.94	32.77	16.75	39.09	3 014.38	1 440.88		
宁夏	0.77	255.40	73.90	55.21	31.36	66.24	210.95	94.07	2 835.10	
新疆	−7.06	78.34	85.11	21.83	21.48	−63.32	170.85	25.85	−85.73	2 810.45

附表6　2007—2012年我国30省市地区间碳泄漏(万吨)

地区	北京	天津	河北	山西	内蒙古	辽宁	吉林	黑龙江	上海	江苏
北京	−1 864.33									
天津	437.14	3 372.81								
河北	−697.61	−432.94	13 234.18							
山西	196.64	148.58	−667.44	10 216.72						
内蒙古	994.77	−275.62	282.91	551.91	11 558.43					
辽宁	83.05	121.41	−1 201.98	−354.92	−43.47	6 600.24				
吉林	−336.02	−382.26	−162.57	−87.29	3 993.05	−131.90	3 349.74			
黑龙江	230.18	143.84	36.83	−31.57	316.47	−279.24	−748.51	6 584.82		
上海	55.54	77.01	1 254.56	51.63	253.92	158.17	481.25	−88.80	4.47	
江苏	−122.64	707.25	151.06	19.41	−526.50	261.02	334.31	476.43	−760.91	9 922.50
浙江	77.38	317.49	1 315.19	75.39	−516.53	110.99	135.77	91.27	−1 243.20	1 466.30
安徽	44.81	280.49	320.27	−74.57	−375.61	327.67	188.40	149.40	−362.59	574.55
福建	60.99	99.67	102.13	88.55	12.40	121.38	64.12	94.43	146.30	200.01
江西	−9.62	77.61	−5.51	−277.13	−404.15	84.87	−38.22	−16.73	−124.57	723.80
山东	−735.74	−628.11	−1 713.34	102.08	−662.87	−236.15	−836.71	231.19	−1 521.37	−859.66
河南	85.08	191.96	−1 954.49	−323.25	−1 313.50	−115.04	−25.79	132.25	−1 055.25	−364.27
湖北	−129.95	−43.42	234.66	−551.72	−496.74	36.37	−3.28	12.10	−827.45	163.12
湖南	−73.05	21.50	−432.27	−306.59	−635.36	−264.18	−43.48	99.32	−179.40	−623.16
广东	−117.86	85.66	−18.88	−154.38	−723.93	−93.80	105.15	−0.13	−303.23	−1 040.61
广西	−7.11	−22.34	−111.72	−155.69	−303.22	−98.39	−143.82	−16.93	−199.20	−431.37
海南	14.14	9.92	−54.40	−55.94	−107.41	−41.87	−11.77	−25.81	−12.72	−152.20
重庆	−47.11	44.32	−294.39	−311.95	−522.05	−63.65	12.32	−29.69	−17.23	54.67
四川	−32.58	82.48	28.53	−10.78	−291.58	−9.59	−42.55	−35.30	−15.38	38.25
贵州	91.48	68.68	74.95	−24.92	−88.97	109.33	58.44	38.51	−123.11	−32.80
云南	75.49	31.70	−171.64	−114.44	−339.36	−149.85	−93.01	−26.90	−101.40	−388.19
陕西	−67.97	−50.47	−129.75	−551.40	−1 014.93	−16.56	60.41	−10.30	−276.45	−215.30
甘肃	70.33	61.86	−41.80	−88.05	−217.73	146.10	13.43	59.60	−114.18	152.18
青海	−3.20	−15.55	−13.56	−4.30	−63.80	37.61	−18.28	−4.55	−36.57	−37.44
宁夏	143.24	27.81	20.16	23.27	−119.87	222.85	107.04	124.68	63.67	448.94
新疆	−13.70	50.28	184.40	33.09	−341.40	75.86	−33.03	169.35	−46.00	297.18

地区	浙江	安徽	福建	江西	山东	河南	湖北	湖南	广东	广西
北京										
天津										
河北										
山西										
内蒙古										
辽宁										
吉林										
黑龙江										
上海										
江苏										
浙江	4 370.06									
安徽	−374.07	3 675.18								
福建	231.18	99.60	5 990.85							
江西	149.37	−1 521.43	−27.54	1 515.27						
山东	60.46	−733.01	−185.10	−153.21	26 864.76					
河南	−1 406.67	−504.14	−246.24	−342.45	−1 156.53	12 626.55				
湖北	−102.85	−735.49	−155.54	−958.02	−427.66	495.66	18 626.65			
湖南	−173.39	−409.71	−142.35	−425.46	5.52	−92.72	253.21	5 061.66		
广东	−571.19	−633.79	−109.18	−742.74	382.58	−157.43	318.88	283.22	6 339.81	
广西	−232.85	−222.77	−114.65	−226.08	48.70	42.09	57.68	147.68	−328.80	6 802.27
海南	−17.73	−39.88	−38.23	−23.45	30.81	−85.36	−3.39	−30.64	21.43	−171.98
重庆	63.31	−257.39	−63.50	−146.03	106.52	−224.73	113.57	−18.76	242.10	193.66
四川	−109.30	−90.91	−94.26	−347.11	−19.63	121.41	72.90	−107.47	−279.68	−53.38
贵州	−94.34	−1.52	−59.83	−751.32	199.49	−322.30	265.42	66.80	−211.00	212.99
云南	−305.02	−207.97	−223.58	−104.60	118.04	−217.67	53.53	2.27	−1 602.11	−138.66
陕西	−422.18	−355.05	−237.88	−79.97	904.61	263.09	174.67	−37.42	−58.15	−67.78
甘肃	−198.02	16.41	0.28	−76.24	221.46	65.46	64.05	76.53	139.20	23.42
青海	−25.89	−32.93	9.80	−6.59	13.82	14.46	10.99	−7.15	−39.68	−9.68
宁夏	238.85	144.82	55.16	66.35	367.27	292.61	167.36	245.77	309.89	89.77
新疆	−5.13	−60.42	−16.75	−9.73	588.59	622.41	−13.94	74.08	125.54	31.28

续表

地区	海南	重庆	四川	贵州	云南	陕西	甘肃	青海	宁夏	新疆
北京										
天津										
河北										
山西										
内蒙古										
辽宁										
吉林										
黑龙江										
上海										
江苏										
浙江										
安徽										
福建										
江西										
山东										
河南										
湖北										
湖南										
广东										
广西										
海南	374.54									
重庆	27.44	3 242.26								
四川	24.56	−85.33	13 068.48							
贵州	90.32	1 274.98	46.06	5 659.77						
云南	34.92	173.05	19.75	−147.92	6 560.83					
陕西	−9.67	−11.17	−63.77	−383.95	−92.63	5 312.07				
甘肃	28.33	303.26	92.17	−25.87	53.55	460.65	3 236.86			
青海	−3.94	0.11	1.32	−23.42	−11.12	1.96	252.76	1 897.19		
宁夏	37.71	319.03	133.49	40.04	104.49	526.69	24.50	−44.60	3 459.23	
新疆	22.01	58.54	107.83	−31.66	82.14	121.97	−197.04	−21.01	−41.94	8 491.56

参考文献

References

[1]黄新飞，舒元. 中国省际贸易开放与经济增长的内生性研究[J].
管理世界，2010(7)：56-65.

[2]盛斌，毛其淋. 贸易开放、国内市场一体化与中国省际经济
增长：1985—2008 年[J]. 世界经济，2011(11)：44-66.

[3]行伟波，李善同. 本地偏好、边界效应与市场一体化——基
于中国地区间增值税流动数据的实证研究[J]. 经济学（季
刊），2009，8(4)：1455-1474.

[4]徐现祥，李郁. 中国省际贸易模式：基于铁路货运的研究[J].
世界经济，2012(9)：41-60.

[5]张少军. 贸易的本地偏好之谜：中国悖论与实证分析[J].
管理世界，2013(11)：39-49.

[6]于洋. 中国省际贸易流量再估算与区间分解[J]. 中国经济
问题，2013(5)：100-108.

[7]Chen S，Jefferson G H，Zhang J. Structural Change, Pro-
ductivity Growth and Industrial Iransformation in China [J].
China Economic Review，2011，22(1)：133-150.

[8]L. Zhu，G. Yong，S. Lindner，et al. Embodied Energy Use
in China's Industrial Sectors[J]. Energy Policy，2012(49)：
751-758.

[9]N. Ahmad，A. Wyckoff. Carbon Dioxide Emissions Embodied
in International Trade of Goods[J]. Oecd Science Technolo-
gy & Industry Working Papers，2003(25)：1-22.

[10]A. Kander，M. Jiborn，D. D. Moran，et al. National Green-
house-gas Accounting for Effective Climate Policy on Inter-
national Trade[J]. Nature Climate Change，2015(5)：431-
435.

［11］Q. Liu，Q. Wang. Pathways to SO₂ Emissions Reduction in China for 1995—2010：Based on Decomposition Analysis［J］. Environmental Science ＆ Policy，2013(33)：405-415.

［12］J. Ledwidge. Constructing an Environmentally-extended Multi-regional Input-output Table Using the GTAP Data［J］. Economic Systems Research，2011(23)：131-152.

［13］刘起运. 关于投入产出系数结构分析方法的研究［J］. 统计研究，2002，19(2)：40-42.

［14］B. R. Hazari. Empirical Identification of Key Sectors in the Indian Economy［J］. Review of Economics ＆ Statistics，1970(52)：301-305.

［15］R. E. Miller. A Taxonomy of Extractions［J］. Social Science Electronic Publishing，2001(29)：407-441.

［16］A. W. Wyckoff，J. M. Roop. The Embodiment of Carbon in Imports of Manufactured Products：Implications for International Agreements on Greenhouse Gas Emissions ［J］. Energy Policy，1994(22)：187-194.

［17］B. Shui，R. C. Harriss. The Role of CO₂ Embodiment in US-China Trade［J］. Energy Policy，2006(34)：4063-4068.

［18］Y. Li，C. N. Hewitt. The Effect of Trade Between China and the UK on National and Global Carbon Dioxide Emissions［J］. Energy Policy，2008(36)：1907-1914.

［19］C. L. Weber，G. P. Peters，D. Guan，et al. The Contribution of Chinese Exports to Climate Change［J］. Energy Policy，2008(36)：3572-3577.

［20］Peters G P，Minx J C，Edenhofer W O. Growth in Emission Transfers via International Trade from 1990 to 2008 ［J］. Proceedings of the National Academy of Sciences of the United States of America，2011，108(21)：8903-8908.

［21］B. Su，B. W. Ang. Input-Output Analysis of CO₂ Emissions Embodied in Trade：A Multi-region Model for China［J］. Ecological Economics，2014(114)：377-384.

［22］G. Machado, R. Schaeffer, E. Worrell. Energy and Carbon Embodied in the International Trade of Brazil: An Input-Output Approach［J］. Ecological Economics, 2001(39): 409-424.

［23］T. Wiedmann, M. Lenzen, K. Turner, et al. Examining the Global Environmental Impact of Regional Consumption Activities—Part 2: Review of Input-Output Models for the Assessment of Environmental Impacts Embodied in Trade［J］. Ecological Economics, 2007(61): 15-26.

［24］B. Lin, C. Sun. Evaluating Carbon Dioxide Emissions in International Trade of China［J］. Energy Policy, 2010(38): 613-621.

［25］Y. F. Yan, L. K. Yang. China's Foreign Trade and Climate Change: A Case Study of CO_2 Emissions［J］. Energy Policy, 2010(38): 350-356.

［26］G. Q. Chen, Z. Bo. Greenhouse Gas Emissions in China 2007: Inventory and Input-Output Analysis［J］. Energy Policy, 2010(38): 6180-6193.

［27］F. Ackerman, M. Ishikawa, M. Suga. The Carbon Content of Japan-US Trade ［J］. Energy Policy, 2007 (35): 4455-4462.

［28］M. Xu, B. Allenby, W. Chen. Energy and Air Emissions Embodied in China-U. S. Trade: Eastbound Assessment Using Adjusted Bilateral Trade Data［J］. Environmental Science & Technology, 2009(43): 3378.

［29］X. Liu, M. Ishikawa, C. Wang, et al. Analyses of CO_2 Emissions Embodied in Japan-China Trade［J］. Energy Policy, 2010(38): 1510-1518.

［30］X. Ming, L. Ran, J. C. Crittenden, et al. CO_2 Emissions Embodied in China's Exports from 2002 to 2008: A Structural Decomposition Analysis ［J］. Energy Policy, 2011 (39): 7381-7388.

[31]A. W. Wyckoff，J. M. Roop. The Embodiment of Carbon in Imports of Manufactured Products：Implications for International Agreements on Greenhouse Gas Emissions [J]. Energy Policy，1994(22)：187-194.

[32]Z. M. Chen，G. Q. Chen. Embodied Carbon Dioxide Emission at Supra-national Scale：A Coalition Analysis for G7，BRIC，and the Rest of the World[J]. Energy Policy，2011(39)：2899-2909.

[33] G. P. Peters，E. G. Hertwich. CO_2 Embodied in International Trade with Implications for Global Climate Policy[J]. Environmental Science ﹠ Technology，2008（42）：1401-1407.

[34]M. Lenzen，L. Pade and J. Munksgaard. CO_2 Multipliers in Multi-region Input-Output Models[J]. Economic Systems Research，2004(16)：391-412.

[35] 丛晓男，王铮，郭晓飞. 全球贸易隐含碳的核算及其地缘结构分析[J]. 财经研究，2013：39.

[36]G. P. Peters. From Production-Based to Consumption-Based National Emission Inventories [J]. Ecological Economics，2008(65)：13-23.

[37]H. C. Rhee，H. S. Chung. Change in CO_2 Emission and its Transmissions between Korea and Japan using International Input-Output Analysis[J]. Ecological Economics，2006(58)：788-800.

[38]S. J. Davis，K. Caldeira. Consumption-based Accounting of CO_2 Emissions[J]. Proceedings of the National Academy of Sciences of the United States of America，2010（107）：5687-5692.

[39]谢来辉，陈迎. 碳泄漏问题评析[J]. 气候变化研究进展，2007(3)：214-219.

[40]李善同. 2002 年中国地区扩展投入产出表[M]. 北京：经济科学出版社，2010.

[41]M. D. Levine，N. T. Aden. Global Carbon Emissions in the Coming Decades：The Case of China[J]. Annual Review of Environment & Resources，2008：33.

[42]B. Su，H. C. Huang，B. W. Ang，et al. Input-Output Analysis of CO_2 Emissions Embodied in Trade：The Effects of Sector Aggregation［J］. Energy Economics，2010，32：166-175.

[43]M. Lenzen，R. A. Cummins. Lifestyles and Well-Being Versus the Environment[J]. Journal of Industrial Ecology，2011，15：650-652.

[44]姚亮，刘晶茹. 中国八大区域间碳排放转移研究[J]. 中国人口·资源与环境，2010(20)：16-19.

[45]张峰，蒋婷. 碳排放与出口贸易和经济增长之间的关系研究——对山东省 1984—2008 年数据的计量分析[J]. 生态经济，2011(2)：57—60＋97.

[46]张毓卿，周才云. 江西省出口贸易额与碳排放量关系的统计检验[J]. 统计与决策，2011(12)：88-91.

[47]石敏俊，王妍，张卓颖，等. 中国各省区碳足迹与碳排放空间转移[J]. 地理学报，2012，67(10)：1327-1338.

[48]Feng K，Hubacek K，Sun L，et al. Consumption－based CO_2，Ccounting of China's Egacities：The Ase of Beijing，Tianjin，Shanghai and Chongqing[J]. Ecological Indicators，2014(47)：26—31.

[49]肖雁飞，万子捷，刘红光. 我国区域产业转移中"碳排放转移"及"碳泄漏"实证研究——基于 2002 年、2007 年区域间投入产出模型的分析[J]. 财经研究，2014(40)：75-84.

[50]赵玉焕，白佳. 基于 MRIO 模型的中国区域间贸易隐含碳研究[J]. 中国能源，2015(37)：32-38.

[51]Z. Zhong，R. Huang，Q. Tang，et al. China's Provincial CO_2 Emissions Embodied in Trade with Implications for Regional Climate Policy[J]. Frontiers of Earth Science，2015(9)：77-90.

[52] Z. Zhang, J. E. Guo, G. J. D. Hewings. The Effects of Direct Trade within China on Regional and National CO_2 Emissions[J]. Energy Economics, 2014(46): 161-175.

[53] S. Bastianoni, A. Galli, V. Niccolucci, et al. The Ecological Footprint of Building Construction[C]//Sustainable City, 2006(93): 345-356.

[54] J. Munksgaard, K. A. Pedersen. CO_2 Accounts for Open Economies: Producer or Consumer Responsibility? [J]. Energy Policy, 2001(29): 327-334.

[55] 周茂荣,谭秀杰. 国外关于贸易碳排放责任划分问题的研究评述[J]. 国际贸易问题, 2012(6): 104-113.

[56] J. J. Ferng. Allocating the Responsibility of CO_2 Over-emissions from the Perspectives of Benefit Principle and Ecological Deficit [J]. Ecological Economics, 2003 (46): 121-141.

[57] B. W. Ang. Decomposition Analysis for Policymaking in Energy: Which Is the Preferred Method[J]. Energy Policy, 2004(32): 1131-1139.

[58] 杜运苏,张为付. 中国出口贸易隐含碳排放增长及其驱动因素研究[J]. 国际贸易问题, 2012(3): 97-107.

[59] 闫云凤,赵忠秀,王苒. 基于 MRIO 模型的中国对外贸易隐含碳及排放责任研究[J]. 世界经济研究, 2013(6): 54-58.

[60] 董军,张旭. 中国工业部门能耗碳排放分解与低碳策略研究[J]. 资源科学, 2010, 32(10): 1856-1862.

[61] Y. Dong, M. Ishikawa, X. Liu, et al. An Analysis of the Driving Forces of CO_2 Emissions Embodied in Japan-China Trade [J]. Energy Policy, 2010(38): 6784-6792.

[62] 王丽丽,王媛,毛国柱,等. 中国国际贸易隐含碳 SDA 分析[J]. 资源科学, 2012(34): 162-169.

[63] M. D. Haan. A Structural Decomposition Analysis of Pollution in the Netherlands[J]. Economic Systems Research, 2001 (13): 181-196.

［64］冯宗宪，李悦，宋玉娥．基于影响因素分析的中国出口减排重点部门选择和减排途径研究［J］．人文杂志，2013(8)：36-43.

［65］张璐．中日贸易中的隐含碳排放——基于跨国投入产出表的分析［J］．经济经纬，2013(2)：61-66.

［66］潘文卿，李子奈．中国沿海与内陆间经济影响的反馈与溢出效应［J］．经济研究，2007(5)：68-77.

［67］中国投入产出学会课题组．我国目前产业关联度分析——2002 年投入产出表系列分析报告之一［J］．统计研究，2006(11)：3-8.

［68］W. W. Leontief. Quantitative Input and Output Relations in the Economic Systems of the United States［J］. Review of Economics & Statistics，1936(18)：105-125.

［69］W. Leontief. Environmental Repercussions and the Economic Structure：An Input-Output Approach：A Reply［J］. Review of Economics & Statistics，1974(56)：262-271.

［70］W. W. Leontief. The Structure of the American Economy［M］. New York：Oxford University Press，1941.

［71］吕鹰飞，杨夕雪．吉林省金融业推动高技术产业发展研究——基于产业关联的分析［J］．工业技术经济，2011(30)：156-159.

［72］刘起运．当代中国投入产出实证与探新［M］．北京：中国统计出版社，1995.

［73］刘起运．宏观经济系统的投入产出分析［M］．北京：中国人民大学出版社，2006.

［74］R. E. Miller，P. D. Blair. Input—output Analysis：Foundations and Extensions［M］. Cambridge：Cambridge University Press，2009.

［75］A. O. Hirschman. The Strategy of Economic Development［J］. Kyklos，1958(12)：658-660.

［76］I. Kuroiwa. Rules of Origin and Local Content in East Asia［C］//Insititute of Developing Economies，Japan External

Trade Organization(JETRO)，2006.

[77]L. P. Jones. The Measurement of Hirschmanian Linkages[J]. The Quarterly Journal of Economics，1976(90)：323-333.

[78]X. Tian, M. Chang, F. Shi, H. Tanikawa. How does Industrial Structure Change Impact Carbon Dioxide Emissions? A Comparative Analysis Focusing on nine Provincial Regions in China[J]. Environmental Science & Policy，2013(37)：243-254.

[79]C. Yang，Z. Zheng. Analysis of the Theoretical Issues on the Measurement of Industrial Linkage[J]. Statistical Research，2014，31(12)：11-19.

[80]Y. Wu. Analysis of Driving Factors of Chinese Provincial Overall Carbon Emissions from a Spatial Effects Persepective[J]. Guihai Tribune，2013(1)：40-45.

[81]M. Lenzen. A Consistent Input-Output Formulation of Shared Producer and Consumer Responsibility [J]. Economic Systems Research，2005(17)：365-391.

[82]S. Liang，T. Zhang，Y. Wang，et al. Sustainable Urban Materials Management for Air Pollutants Mitigation Based On Urban Physical Input-Output Model[J]. Energy，2012(42)：387-392.

[83]X. Liu，C. Wang. Quantitative Analysis of CO_2 Embodiment in International Trade：An Overview of Emerging Literatures[J]. Frontiers of Environmental Science & Engineering in China，2009(3)：12-19.

[84]B. Netz, O. R. Davidson, P. R. Bosch, et al. Climate Change 2007：Mitigation. Contribution of Working Group Ⅲ to the Fourth Assessment Report of the Intergovernmental Panel on Climate Change. Summary for Policymakers [J]. Computational Geometry，2007，18(2)：95-123.

[85]T. Qi，N. Winchester，V. J. Karplus，et al. Will Economic Restructuring in China Reduce Trade-Embodied CO_2 Emis-

sions? [J]. Energy Economics, 2014(42): 204-212.

[86] E. Dietzenbacher, B. Los. Structural Decomposition Techniques: Sense and Sensitivity [J]. Economic Systems Research, 1998(10): 307-324.

[87] D. Guan, Z. Liu, Y. Geng, et al. The Gigatonnegap in China's Carbon Dioxide Inventories [J]. Nature Climate Change, 2012(2): 672-675.

[88] Z. Liu, D. Guan, W. Wei, et al. Reduced Carbon Emission Estimates from Fossil Fuel Combustion and Cement Production in China[J]. Nature, 2015(524): 335-338.

[89] J. W. Sun. Research on Carbon Emission Footprint of China Based on Input-Output Model [J]. China Population Resources & Environment, 2010(20): 28-34.

[90] X. Yan, J. Ge. The Economy-Carbon Nexus in China: A Multi-Regional Input-output Analysis of the Influence of Sectoral and Regional Development [J]. Energies, 2017 (10): 93.

[91] S. Liang, S. Qu, M. Xu. Betweenness-based Method to Identify Critical Transmission Sectors for Supply Chain Environmental Pressure Mitigation [J]. Environmental Science & Technology, 2016(50): 1330-1337.

[92] H. L. Yang, X. U. Ou-Yang, J. L. Wang, et al. Analysis on Forward and Backward Correlation Effects of Electricity Industry Based on the Input-output Method [J]. Journal of Electric Power Science & Technology, 2015.

[93] Y. Zhao, Y. Liu, S. Wang, et al. Inter-regional Linkage Analysis of Industrial CO_2 Emissions in China: An Application of a Hypothetical Extraction Method [J]. Ecological Indicators, 2016(61): 428-437.

[94] M. Shi, W. Yan, Z. Zhang, et al. Regional Carbon Footprint and Interregional Transfer of Carbon Emissions in China [J]. Acta Geographica Sinica, 2012(67): 1327-1338.

[95]W. He, Y. Wang, J. Zuo, et al. Sectoral Linkage Analysis of Three Main Air Pollutants in China's Industry: Comparing 2010 with 2002[J]. Journal of Environmental Management, 2017(202): 232-241.

[96]宋德勇, 刘习平. 中国省际碳排放空间分配研究[J]. 中国人口·资源与环境, 2013, 23(5): 7-13.

[97]Y. Ali. Measuring CO_2 Emission Linkages with the Hypothetical Extraction Method(HEM)[J]. Ecological Indicators, 2015(54): 171-183.

[98]J. Yan, T. Zhao, et al. Investigating Multi-regional Cross-Industrial Linkage Based on Sustainability Assessment and Sensitivity Analysis: A case of Construction Industry in China[J]. Journal of Cleaner Production, 2016(142): 2911-2924.

[99] A. Marques, J. Rodrigues, T. Domingos. International Trade and the Geographical Separation Between Income and Enabled Carbon Emissions[J]. Ecological Economics, 2013(89): 162-169.

[100] J. E. Guo, Z. Zhang, L. Meng. China's Provincial CO_2 Emissions Embodied in International and Interprovincial Trade[J]. Energy Policy, 2012(42): 486-497.

[101] Z. Mi, J. Meng, D. Guan, et al. Chinese CO_2 Emission Flows Have Reversed since the Global Financial Crisis [J]. Nature Communications, 2017(8): 1712.

[102] Z. Mi, Y. Zhang, D. Guan, et al. Consumption-based Emission Accounting for Chinese Cities[J]. Applied Energy, 2016(184): 1073-1081.

[103]Q. Liu, Q. Wang. Sources and Flows of China's Virtual SO_2 Emission Transfers Embodied in Interprovincial Trade: A Multiregional Input-output Analysis [J]. Journal of Cleaner Production, 2017, 161: 735-747.

[104] Y. Hu, H. Cheng. Displacement Efficiency of Alterna-

tive Energy and Trans-Provincial Imported Electricity in China[J]. Nature Communications, 2017(8): 14590.

[105] Y. Shan, J. Liu, Z. Liu, et al. New Provincial CO_2 Emission Inventories in China Based on Apparent Energy Consumption Data and Updated Emission Factors[J]. Applied Energy, 2016(184): 742-750.

[106] Y. Shan, D. Guan, J. Liu, et al. Methodology and Applications of City Level CO_2 Emission Accounts in China [J]. Journal of Cleaner Production, 2017(161): 1215-1225.

[107] Z. F. Mi, S. Y. Pan, H. Yu, et al. Potential Impacts of Industrial Structure on Energy Consumption and CO_2 Emission: A Case Study of Beijing[J]. Journal of Cleaner Production, 2015(103): 455-462.

[108] B. Su, B. W. Ang. Multiplicative Structural Decomposition Analysis of Aggregate Embodied Energy and Emission Intensities[J]. Energy Economics, 2017(65): 137-147.

[109] J. He. Economic Determinants for China's Industrial SO_2 Emission: Reduced vs. Structural Form and the Role of International Trade [J]. Working Papers, 2005 (99): 101.

[110] Q. Liu and Q. Wang. Reexamine SO_2 Emissions Embodied in China's Exports Using Multiregional Input-output Analysis[J]. Ecological Economics, 2015(113): 39-50.

[111] D. Guan, X. Su, Q. Zhang, et al. The Socioeconomic Drivers of China's Primary PM2.5 Emissions [J]. Environmental Research Letters, 2014(9): 10-24.

[112] S. Liang, Z. Liu, D. Crawford-Brown, et al. Decoupling Analysis and Socioeconomic Drivers of Environmental Pressure in China[J]. Environmental Science & Technology, 2014(48): 1103-1113.

[113] J. C. Minx, G. Baiocchi, G. P. Peters, et al. A "Carbonizing Dragon": China's Fast-Growing CO_2 Emissions Re-

visited[J]. Environmental Science & Technology, 2011 (45): 9144-9153.

[114] X. Tian, M. Chang, F. Shi, et al. How does Industrial Structure Change Impact Carbon Dioxide Emissions? A Comparative Analysis Focusing on Nine Provincial Regions in China[J]. Environmental Science & Policy, 2014(37): 243-254.

[115] B. R. Ewing, T. R. Hawkins, T. O. Wiedmann, et al. Integrating Ecological and Water Footprint Accounting in a Multi-Regional Input-output Framework[J]. Ecological Indicators, 2012(23): 1-8.

[116] B. Zhang, G. Q. Chen. China's CH_4 and CO_2 Emissions: Bottom-up Estimation and Comparative Analysis[J]. Ecological Indicators, 2014(47): 112-122.

[117] O. Benka, M. Geretschloger. Linking NAMEA and Input. Output for "Consumption vs. Production Perspective"Analyses: Evidence on Emission Efficiency and Aggregation Biases Using the Italian and Spanish Environmental Accounts[J]. Ecological Economics, 2012(74): 71-84.

[118] K. Feng, K. Hubacek, L. Sun, et al. Consumption-based CO_2 Accounting of China's Megacities: The Case of Beijing, Tianjin, Shanghai and Chongqing[J]. Ecological Indicators, 2014(47): 26-31.

[119] G. Huang, X. Ouyang, X. Yao. Dynamics of China's Regional Carbon Emissions Under Gradient Economic Development Mode[J]. Ecological Indicators, 2015(51): 197-204.

[120] R. Muradian, M. O'Connor, J. Martinez-Alier. Embodied Pollution in Trade: Estimating the "Environmental Load Displacement" of Industrialised Countries[J]. Ecological Economics, 2002(41): 51-67.

［121］P. Iodice，A. Senatore. Appraisal of Pollutant Emissions and Air Quality State in a Critical Italian Region：Methods and Results［J］. Environmental Progress & Sustainable Energy，2015(34)：1497-1505.

［122］M. Lenzen，J. Murray，F. Sack，et al. Shared Producer and Consumer Responsibility — Theory and Practice［J］. Ecological Economics，2007(61)：27-42.

［123］A. Marques，J. Rodrigues，M. Lenzen，et al. Income-based Environmental Responsibility—Theory and Practice［J］. Ecological Economics，2012(84)：57-65.

［124］S. Liang，Y. Wang，C. Zhang，et al. Final Production-Based Emissions of Regions in China［J］. Economic Systems Research，2017(30)：18-36.

［125］Y. Qi，H. Li，T. Wu. Interpreting China's Carbon Flows［J］. Proceedings of the National Academy of Sciences of the United States of America，2013(110)：11221-11222.

［126］Y. Jiang，W. Cai，L. Wan，et al. An Index Decomposition Analysis of China's Interregional Embodied Carbon Flows［J］. Journal of Cleaner Production，2015(88)：289-296.

［127］T. Foxon，P. Pearson. Overcoming Barriers to Innovation and Diffusion of Cleaner Technologies：Some Features of a Sustainable Innovation Policy Regime ［J］. Journal of Cleaner Production，2008(16)：148-161.